艾玛沈 / 著
杨舒乔 / 插画

高财商孩子决策力

人人都能学会的行为经济书

中国铁道出版社有限公司
CHINA RAILWAY PUBLISHING HOUSE CO., LTD.

内 容 简 介

本书主要讲述小主人公通过学习和运用经济学、心理学和哲学知识中有关决策的内容，成功为孤寡老人们举办了一场大型慈善活动的故事。

通过起心动念、方案探讨到积极筹备、圆满落幕的活动过程，把那些硬壳的知识点融入到日常的生活场景中，让孩子一边学习一边应用。

在每章后面，还贴心地准备了亲子练习，帮助家长和孩子一起理解和运用经济学知识，寓教于乐。全书内容生动有趣，易于理解，操作性强，适合亲子共读，从提问中激发孩子脑中巨大的思辨力和决策力，是财商教育中一本不可多得的好书。

图书在版编目（CIP）数据

高财商孩子决策力：人人都能学会的行为经济书/艾玛沈著. —北京：中国铁道出版社有限公司，2021. 7

ISBN 978-7-113-27863-2

Ⅰ.①高… Ⅱ.①艾… Ⅲ.①家庭管理-理财-儿童读物 Ⅳ.①TS976.15-49

中国版本图书馆CIP数据核字(2021)第056103号

书　　名：高财商孩子决策力：人人都能学会的行为经济书
GAOCAISHANG HAIZI JUECELI：RENRENDOUNENG XUEHUI DE XINGWEI JINGJISHU

作　　者：艾玛沈

责任编辑：张　丹　**编辑部电话**：（010）51873028　**邮箱**：232262382@qq.com

封面设计：MXK DESIGN STUDIO Q:1765628429

责任校对：焦桂荣

责任印制：赵星辰

出版发行：中国铁道出版社有限公司（100054，北京市西城区右安门西街 8 号）

印　　刷：国铁印务有限公司

版　　次：2021 年 7 月第 1 版　2021 年 7 月第 1 次印刷

开　　本：880 mm×1 230 mm　1/32　**印张**：7　**字数**：202 千

书　　号：ISBN 978-7-113-27863-2

定　　价：59.80 元

推荐序

坐而论道，不如用一场活动来检验

认识艾玛有些年头了，一直很敬佩她的才华和勤奋。这几年，艾玛孜孜不倦，厚积薄发，《理财就是理生活》《高财商孩子养成记》《小胖财富历险记》相继出版，行文娟秀、深入浅出、情节入胜，在沉闷古板的金融理财类书籍中成为一股清流，让人耳目一新，俨然已经自成一派。

新出的这本《高财商孩子决策力》，用同样的风格，带给大家与前三本完全不同的知识内容。

故事从一个家庭作业资料开始，以一个孩子的视角，一位收垃圾的老奶奶讲起，抽丝剥茧，引人入胜。母亲引导着孩子换位思考、多层推理，**让孩子意识到人世间的事是复杂多面的，那些一面倒、非黑即白、非对即错、简单粗暴的思维和舆论是多么经不起推敲。**

之后，又以一次福利探访经历为引，用孩子的眼睛和嘴，道出慈善活动不完善的地方。当我以为，艾玛是要指出机构的人浮于事、做表面功夫的时候，艾玛又给了我一个惊喜——她更深入了一层，没有批判，而是在解释为何非盈利机构会出现这样的状况；如果要改变，应该怎么去做等。**批判容易，看到问题更深层次的本质，找到解决方案才是真本事。**

接下来，更让我意外，在她的笔下，《高财商孩子养成记》中的原班人马，来了一场全新的冒险。他们不再只是聊聊谁的零用钱多、谁的爸妈工作更有意义、哪一类投资收益更好。他们竟然卷起了袖子，做出了一件大事情。

那位《高财商养成记》里的小学五年级生，如今已经成为中学生的女主角，在一次回家的路上，再次遇到那位收垃圾的老奶奶，她因病突然晕倒了……这个经历，掀开了这几个孩子用自己的力量帮助别人的序幕。

在多次尝试和讨论之后，他们打算组织一场宏大的年宵慈善活动。从活动提议、完善方案，到联合外部力量、具体细节规划。一步步，让读者身临其境，感同身受。在整个过程中，一位位诺贝尔经济学奖得主和其他著名学者们的智慧结晶，被举重若轻地，融入在所有的决策中，比如**心理账户、参考依赖、沉没成本、自证预言、多维度思考、联合评估、诱饵套餐、沉浸式体验、虚拟所有权**等。可以说，这是一场知识的盛宴。

这也是我特别佩服艾玛的地方。**很多人只是知道那些经济学的结论，却不知道如何应用到实际的生活和工作中。**而艾玛，仅仅用了一场举办的活动，就给我们展示了应用的方法。妙哉！妙哉！

从另一个角度讲，这也是一个非常出色的商业策划案例。组织一场慈善活动，牵扯到方方面面。从活动的发起、资源的筹集、各模块的分工、彼此间的协调与检查，一步一步地条分缕析，不断比较、优化和完善，到最后成功实施——**这就是一份高超的“操盘指南”**。

我想，能写得如此具体详细，与艾玛在上市公司和著名企业多年工作的经历是分不开的。

不是坐而论道，而是接地气、纯干货的实操手册。

未来，孩子们要依靠的绝对不是简单的书面知识，或是一两个兴趣

技巧，而是**这种透过表象、深入思考、直达本质的思辨力，以及资源调动和具备跨界知识的综合能力，**而后面这两种，恰恰是我们最不知道如何去教导孩子的。因此，我看完书之后，如获至宝，立马兴奋地推荐给身边的同事和朋友们。我相信，他们读完后，也都会受益匪浅。

我也把它推荐给你们，相信你们也会跟我一样，随着故事的启承转合，读着这些硬壳的经济学、心理学和哲学知识，联想到身边的实际情况，常常会心一笑，掩卷之后，收获满满，对日常的生活有了新的理解。

本书，文如其人，行文娟秀，软语温言，令人如沐春风，静下心来，也就一两天时间就可看完，阅读过程轻松欣喜，绝对值得拥有。

哈威飞行董事长　刘益华

E.J

前　言

让孩子看到更加“复杂”的世界

儿童财商教育系列，我已经出版了两本书——《高财商孩子养成记》（简称《养成记》）和《小胖财富历险记》（简称《历险记》）。前者帮助父母培养孩子正确的理财观、消费、储蓄和成长习惯。后者是一本金融启蒙书，由一位法力无边的小妖怪带着孩子去经历各种重要的历史事件，理解金融中最核心、最基础的理念。

这两本书都受到了读者们的热烈回应。《养成记》加印了多次，受到十几位著名大学教授们的推荐，在我的读者群里，那些读完两本书的读者们，常常问我，还有什么吗？还有什么需要教给孩子的吗？

现在我们所生活的环境，正经历着前所未有的科技发展和思维颠覆。我身在其中，看着有些年轻人们被极端的言辞、不知真假的消息、煽动性的论调、模糊不清的口号、二元对立的观点影响着，不断思考着“这些人为什么会变成如今这个样子？”“我要怎么样教育我的两个孩子，让他们能够在这个洪流里拥有独立的见解？”

如今，已经与我成长的年代大不相同了。每一天，我们都被海量的信息包围着。无数的信息，在全球范围内，通过各种渠道迅速地传播——数不清的热点话题、无从确认的证据、冲突的立场与观点。同一件事，可以反转、反转、再反转。让我们轻易地迷失在信息的海洋里，无所适从，

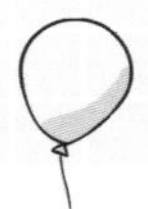

更何况孩子。

的确，我们每个人都能思考，都有想法，但是，**没有经过锤炼的思考，没有系统化的训练，这些想法大多都是主观的、片面的、缺乏事实依据的**。很多看似顺理成章的结论，其实经不起推敲。一些大家认为天经地义的观点，其实，不过源于各种彻头彻尾的偏见。

现在的家庭教育大多偏重书本知识，习惯重复操练，学习的内容复杂深奥，有些却脱离实际。教学方法也多是灌输式的，缺少启发与探索。由此培养出来的孩子多数循规蹈矩，少有创造力或独立的思维见解。

电影《少年的你》中，周冬雨扮演的女主角说："从来没有一节课教会我们如何变成大人。"

什么是大人？不是年龄到了，就是大人了。大人应该有更多独立思考的能力，能看到事情背后更多的复杂性，看到人与人之间、人与环境之间的相互影响、动态变化。

很多人，直至成年，依旧是**简单的线性思维——非黑即白、非此即彼、非对即错**。生活中的事情却是复杂的、多元的和动态的。单向的、缺乏变化的线性思维容易让人好心办坏事，事与愿违。

很多人也**分不清楚什么是客观的事实，什么是主观的观点**。这样，容易轻信，人云亦云。在争论时，动辄上纲上线，以所谓的"道德人品"来攻击不同的观点。

每个人在转述信息时，都会夹杂着自己的观点与偏见。就算是同一个事实，不同的讲述方式，不同的侧重点，给人的影响也会不一样。如何不被表面信息所影响，尽可能客观、多方面地去理解一件事，是需要训练的。

思维训练绝非一朝一夕之功，要靠经年累月一点一滴的积累。思维习惯和理财习惯一样，都应该从小培养。

孩子们需要哪些知识，才能训练思辨能力呢？

于是，我搜罗了这么多年来学过的**心理学、传统经济学、行为经济学和哲学知识中有关决策的内容，**这其中，包括多位诺贝尔经济学奖获得者们的核心观点（如心理账户、参考依赖、适应性偏见、过度自信等），还有好多位学派创立者的研究发现。我把这些知识点一一列出来，精心挑出适合孩子学习的部分，剔除那些过于艰涩、抽象的内容，又反复系统地梳理了多遍。

可是，知道理论容易，又如何付之于实践呢？

我便想：要不，让小主人公们一起举办一场盛大的“活动”吧？在组织活动的过程中，来应用这些理论，给大家做一个示范。顺便告诉孩子们，在实际生活中**如何与人合作、如何调动资源、如何组织协调——这些都是他们在未来的生活工作中所需要的能力，而恰恰是学校里不会教的内容**。

这不是任何领域的知识考核，而是一个真实世界的挑战。

思及此，我便写了这本《高财商孩子决策力》（简称《决策力》）。邀请《养成记》的原班人马，进行一场全新的冒险——为孤寡老人们举办一场慈善活动。在几个孩子起心动念、方案探讨、积极筹备的过程中，把那些硬壳的知识点徐徐铺排开来，融入到日常的生活场景中去，让孩子们一边学习一边应用。

写作过程中，我也在想：这些知识点，对于中小学生以及经济学的初学者来说，会不会太难了？

于是，也常常拿出来与女儿讨论。后来发现，真是**不能小看了孩子的理解力**。当讲前两次时，能在她心里种下一个概念；当讲第三四次的时候，她就已经能基本掌握了；再多讲几次，她还能针对这些概念举一反三。这是我在女儿身上的经验。

即便刚开始接触一些陌生、生硬的知识，经过多次的讨论和反思，孩子们能够**意识到实际生活中事情的复杂性，学会不只盯着问题的表面，不只是批判和埋怨，而会主动去拨开迷雾，多层推理，换位思考，去考虑那些暂时看不见的可能性，发现隐藏在自己判断中的偏见，从而能稍微抓住一点问题的本质，帮助他们做出更好的决策。**

相信随着时间的推进，这些思维方法会变得好像如他们与生俱来的能力一样，可以运用自如。

他们长大以后，遇到任何问题，就不再只是偏听偏信，而会懂得谨慎求证、多番推理。

他们的思维也会更加开阔，有更深入的洞察力和分析能力，我想这会比 ABC、“五线谱”和“调色板”更加重要。

教育界有句名言:“教育就是一棵树摇动一棵树，一朵云推动一朵云，一个灵魂唤醒另一个灵魂。”[1]《决策力》以一场活动作为决策理论的应用案例，希望这个案例，就是那一棵树、那一朵云，**能够唤醒孩子们脑中巨大的创造力和思维能力，让他们长大后成为更有智慧的人。**

艾玛沈

2021 年 3 月

1　出自著名教育学家雅斯贝尔斯。

目　录

第1章

多余的纸皮，谁对，谁错

（站在他人角度思考，多层推理，不纠对错找解决方案）

第2章 做慈善，要理想，还是要现实（交换产生幸福感）

第3章 低价团，是亏了，还是赚了（同样的钱，放在不同账户，用法不同）

第 4 章 你是幸福，还是不幸福

（参考依赖：人们对结果的评价，会受到另外一个数值影响）

第 5 章 这么贵的酒，是喝了，还是拿去卖

（机会成本：放弃的选择中带来最高收益的选择所带来的收益）

第 6 章 遇到困难，应该放弃，还是坚持

（沉没成本不是成本）

第7章

要想记得牢，试一试沉浸式体验

（沉浸式体验：感官体验越丰富，记忆越深刻）

第8章

操场上的约定，会赢，还是会输

（适应性：时间久了，无论好事、坏事，都会适应了）

第 9 章

你以为你知道，其实你不知道

（过度自信：人们对自己的能力判断超过了自己的实际水平）

第 10 章

你以为你能完成，其实你不能

（充分认识风险，承认不确定性，是理性的基础，却不被鼓励）

第 11 章

投资是靠运气，还是靠实力

（避免过度自信靠科学理性的决策来提高胜率）

第18章 难题，是外包解决，还是自己攻克

（联合协作：把有能力的人组合起来，为共同目标协同合作）

第19章 解决问题，有通用的方法吗

（特例思考法、反向推导法、试错法、修改条件法）

第20章

最后的演出

（心理账户、参考依赖、机会成本、沉没成本、沉浸式体验）

第21章

（开启决策工具箱）

多余的纸皮，谁对，谁错

视觉笔记多余的纸皮

坐在角落里的那张满是皱纹的脸，再一次浮现在我脑海里。到底是在哪里见过她的呢？

那是我在放学回家的路上遇到的。那条路，我每天都会走两遍，一向干净整洁。这几天，突然多了好多纸皮，零零散散地堆在路边或墙角里。

今天，路过那里的便利店，看到一位小姐姐站在店门外，正与一个弓着背的阿婆说话。感觉这阿婆有些面熟，于是我又仔细看了她一眼。她斑白的头发稀稀拉拉地黏在头上，皮肤干瘪，满是皱纹，眉宇间的皱褶深得似乎几十年都化不开。

“这个……这个收不了……”老人家说话的声音浑浊，像是含着一口浓痰。

绑着马尾的便利店小姐姐，看上去比刚上大学的表姐大不了多少。她身材匀称，皮肤白皙，眼睛不大却很黑亮，不浓不淡的眉毛皱着。

“那这些垃圾要怎么办呢？”她嘟囔着说完，抬起脚，朝散乱在地上的纸皮轻轻地踹了一脚。

老人家弓着腰走开了，背后的隆起像是沉沉的山峰，压得她脚步缓慢沉重。她走到另一边的墙角——那里有张小折凳，她哆哆嗦嗦地坐下来，看着远处发呆，眼神空洞无神。黄昏的阳光照在她身上，脸上的皱纹如同深深的沟壑。

秋天了，连阳光都显得冷冷的。我不禁拉了拉外套，到底是在哪里见过她呢？我边想边举步回家。

1.1　这事，到底是谁的错

到家后，开始做功课。翻到常识课作业——阅读以下新闻并写出感想：

“近年来，人们的环境保护意识越来越强。很多国家或地区收紧了废料的进口标准和审批程序。除了对电子废料的弃置有严格规定以外，对废纸的循环再用也加强了监管。一些国家或地区停止了废纸的进口，很多原本以捡纸皮为生的人少了收入来源，大量零售店铺的纸箱无人收取。”

“哦，原来材料内容是这件事。”我喃喃自语，“如果这样就会堆积很多纸皮。”

来来回回翻看了这段文字很多遍。字，我都认识。但是，“感想”是什么呀？我茫然地盯着报纸，脑子一片空白。那些字似乎飘了出来，在我眼前摇摆跳舞……“咚咚咚”敲门声响。哦！我回过神来，我又走神了！

“有没有做完功课，要吃饭了呢。”妈妈的头从门边探进来。

我沮丧地耷拉着脑袋，可怜巴巴地说：“我不会做。”

“怎么啦？”妈妈凑过头来。

太好了！有救星了。我的精神一下子抖擞了起来，快速地把前因后果讲了一遍，还提了提回家路上的遭遇。

想起阿婆弓着的背和空洞的目光，说：“如果停收纸皮，捡纸皮的阿婆们就会没钱赚了，她们要怎么生活呢？况且，要是纸皮都堆在路上，感觉好脏啊！”

“这里说的回收商为什么会停收废纸呢？”妈妈问。

又来了！我苦恼地捧住脑袋：妈妈总喜欢问个不停。我多希望她像阿东的妈妈一样，指着答案，大吼一声：“喏！不就是这个吗？”

可是，我妈每次总是温温柔柔地问完一个问题又一个问题，然后用亮晶晶的眼睛盯着我，直到我给她一个答案。我叹完多次气后，抓起作业资料再瞅了瞅，不满地嘟着嘴说：“因为牌照没有批准下来。”

妈妈轻笑一声，问：“为什么牌照没有批准下来？”

好吧！我配合她继续玩这个游戏：“因为要更加环保，让环境更好。”

妈妈挑挑眉，问：“没有批准牌照做错了吗？”

我摸了摸下巴：“自然没错。”

妈妈又问：“那要怎么办呢？”

怎么办？怎么办？我突然灵光一闪：“让回收商继续回收。”

妈妈一脸促狭，说：“回收商的意思是牌照不发，收不了。”

我彻底无语了。那该怎么办啊！这是死局呀。

妈妈乐此不疲，继续问：“牌照不发，回收商为什么不肯收？”

我痛苦地抓抓头，想了想，说：“因为纸皮卖不出去的话，仓库，就会堆不下去了。”

妈妈点点头，再问：“那么，回收商错了吗？”

“咦？好像也没错哦。”真奇怪。怎么会都没有错呢？我眉头皱得更紧了。

妈妈再问：“捡纸皮去卖的阿婆错了吗？”

“肯定没错啦！”我脱口而出道。

“你看，**除此之外，有些事情会非常复杂。每个人都是独立的个体，他 / 她都会做自认为对自己最优的选择。**你如果站在他 / 她的立场思考问题，换位思考他们的想法和行为也许就会变得能够理解了，对吗？”妈妈说。

如果我们在与人沟通中多一分同理心，那么无论在工作或者生活中将会获得很大成功。

1.2　智慧的人，寻找二元平衡点

“人们想问题的时候，都从自己的角度出发，把自己的观点当成全世界的观点，把自己的感受当成全世界的感受，很多人不怎么会主动去思考‘别人是不是跟自己所处的角度不同？他们的感受和观点和我有什么不同？’”妈妈正说着，“吱呀”一声，房门被打开了。

爸爸走了进来，问：“干什么呢？怎么还不去吃饭？”

妈妈朝他点点头，回头继续跟我说：“如果我们翻看互联网上的时事评论，尤其是讨论区，很多回复都带有强烈的情绪，对事情的评判不是对就是错，不是黑就是白。

“很多网上的评论都认为‘处于弱势的群体总是对的，赚钱的资本家总是贪婪的、恶意的’。就像这里没有垃圾可捡的阿婆们，她们那么可怜，现在遇到问题，肯定是有钱的人欺负她们了。你看，是那些回收商们，为了自己的利益，不收她们的纸皮，让她们没有了生活来源。所以，回收商有错，必须要求回收商继续回收。”

“呃……”我又抓了抓头，有些不好意思起来，因为我之前也是这么想的。

妈妈摇摇头："不能这么说。的确，温和理性的大多数不屑于与键盘斗士们进行口水战，网上才会充斥着这种偏激言论。已经有成熟价值观的大人们，不过一笑置之，但是，孩子们呢？他们看到了，会怎么想？他们也许就信以为真了，成为他们价值观的一部分。"

"所以，现在才会有越来越多偏激的人。"爸爸耸耸肩。什么跟什么呀？不就是家庭作业吗？怎么扯到键盘斗士上去了？网上的言论很偏激吗？

可能是我的表情太迷糊了，妈妈揉了揉我的头，说："**对和错，黑和白，高和低，轻和重之间有很多中间区域。智慧的人，会去寻找其中的平衡点。**你以后就会慢慢体会到了。走，我们先吃饭。"

1.3 蝴蝶效应

吃饭时，我一直在想：为什么家庭作业这样的事情里，每个人都没有错呢？那我的功课要怎么写？大家都没有错？那要怎么解决呢？吃完饭，我又缠着妈妈要答案："**人们都是互相影响的，每个人的选择，又直接或间接地影响了其他人**。因为空气质量不好，水和食物都被污染了，要对污染品加强监管，所以出了新的监管措施。那些违规的企业就会受到惩罚，拿不到进口牌照。拿不到进口牌照，就无法向他们之前的供应商（也即废纸出口商）取货。废纸商卖不出废纸，就停止了购买废纸。阿婆们捡了废纸卖不了钱，就不再捡废纸了。人们习惯了把废纸扔在户外，因为一直以来，很快就有人收走。他们不过是重复了之前的做法，就会造成废纸箱大量堆积的现象。"妈妈一边说，一边拿了张纸过来，画了一张连锁反应图，如图 1-1 所示。

她每说一条，我点一下头。是的，就是这样。我刚刚也一直在琢磨这件事。看上去每一个环节的人们，行为都是合情合理的。

图 1-1　连锁反应链

“很多决策没有效果，正是因为只做了简单推理，没有考虑到连锁反应。”妈妈不紧不慢地说，“这个连锁反应，非常有意思。西方有个歌谣，讲一场战争的：

丢失一个钉子，坏了一只蹄铁。

坏了一只蹄铁，折了一匹战马。

折了一匹战马，伤了一位骑士。

伤了一位骑士，输了一场战斗。

输了一场战斗，亡了一个帝国。

“你看一开始就是一个小小的钉子掉了，没想到最后却连整个国家都灭亡了。”

“哇，真的吗？”我禁不住瞪大了双眼。

妈妈没有直接回答，反而讲了另外一个故事：“2003 年的时候，美国发现了一宗疑似疯牛病的案例。有些国家的人很爱吃牛肉，比如麦当劳、肯德基、汉堡王等，很多餐厅的食材都是以牛肉为主，西餐也经常吃牛排。

“这一例疑似疯牛病案例，让总产值高达 1750 亿美元的美国牛肉产业和超过 140 万个工作岗位受到了巨大的冲击。”

真的吗？太不可思议了。一宗疑似疯牛病的案例，就能让 140 万人没工作，140 万人有多少？我掰着手指算着。

妈妈说：“不仅如此，养牛的主要饲料是玉米和大豆。生产这两大食材的行业也受到了影响。玉米和大豆的期货价格大幅下降。后来，连其他 11 个国家和地区都紧急禁止了进口美国牛肉。”

我突然想起来，昨天的新闻里说，最近某地出现了一例疑似登革热案例。它的影响也会这么大吗？正想开口问。只听妈妈继续说：“美国有个气象学家叫洛伦兹（Lorenz），他说，**如果一只蝴蝶在巴西扇动翅膀，可能会引起美国得克萨斯州的一场龙卷风。这就是著名的‘蝴蝶效应’。”**

“蝴蝶，龙卷风，怎么可能？”我脑子里冒出《绿野仙踪》中龙卷风的巨大破坏力，那风一路摧枯拉朽，把房子都卷起来了，这难道是一只小小的蝴蝶引起的？

“她说，因为蝴蝶扇动翅膀，会在它身边产生微弱的气流，从而会引起四周空气或其他系统产生相应的变化，引起连锁反应，最终导致其他系统的极大变化。”妈妈解释道。

平日里娇小美丽的蝴蝶似乎变成了哈利·波特里的魔法灵兽，我打了个激灵：“蝴蝶好厉害，我下次再也不敢去抓它了。说不定它逃跑的时候，引起了好多个龙卷风呢！”

妈妈哈哈大笑起来：“如今我们也经常用到‘蝴蝶效应’这个词，意思是指，**很多看起来毫无关系、非常微小的事情，却有可能带来巨大的改变。‘蝴蝶效应’提醒我们：在做决定的时候，不光要考虑到那些直接受影响的人，还应再想多几层，考虑这个决定带来的间接的连锁反应。**”

1.4　不要只纠结对错，而是找解决方案

“嗯。像下棋一样，要多想几步。也要站在别人的角度思考为什么他们会这么做。”我心中暗暗记了一遍。想起功课还没有写，于是又问道：“那么，回到废纸回收的事情上来，如果大家都没有错的话，到底应该怎么办呢？”

“**为什么总要想对和错呢，事情已经发生，追究谁对谁错，并不能解决问题。我们不要只纠结对错，要去找解决方案，去打破这个反应链。**”妈妈提醒道。

“打破反应链？嗯……”我盯着妈妈画的反应链图好一阵，突然灵光一闪：“让回收商去找新的厂家来收？”

妈妈点头称赞道："没错。这时候，**谁先找到新客户，谁就能抢占先机。看看其他国家和地区，说不定还能找到一个全新的市场，从而打败竞争对手。**但是，新客户不是一两天就能找到的，如果我们每天会产生超过 2500 吨的废纸，怎么办呢？"

我想了想，语气也变得自信起来："赶快找块新的空地先堆着。"

妈妈再次点点头："是的。**这个时候如果谁有空置的土地，可以短期租出收取较低的租金，既有了解救危难之名，又能将闲置资源再利用。**大量废纸堆积还会带来废纸收购价格的大幅下跌。你看，资料上有写：受事件影响，废纸回收价从月初的 1100 元 / 吨，前天跌至 600 元 / 吨，昨日跌至 300 元 / 吨。"

我惊讶道："哇，价格从 1100 元跌倒 300 元啊！便宜那么多？"

妈妈说："现在的废纸这么便宜，远远低于市场的历史平均价格。这个时候我们应该做什么？"

我挠挠头："买很多很多存着？"

妈妈答："没错。只要手头宽裕，又找得到地方暂存，回收商应该在此时尽可能多地收购废纸，等待价格回归，赚取更高的利润。

"我们常说'危机'二字。这两个字，既有'危'又有'机'。当你在别人认为困难的时候，发现其中隐藏的机会，你就比别人更容易成功。就像刚刚说的，可以靠抢先找到新客户，战胜你的竞争对手；也可以通过租出闲置土地获利；还能低价收购货品，等待时机高价卖出。"

嗯。我明白了！不要纠结对错，要在危机中寻找机会，打破反应链，就能发现解决方案。我提笔刷刷刷开始写起作业来……

临睡前，我躺在床上，阿婆那张满是皱纹的脸，再一次浮现在我脑海里。我突然想起来什么时候见过她了！

本章练习

你能找到不同人对同一件事有不同做法，却都合情合理的例子吗？试着分享一件危中带机的事件。

第2章 做慈善，要理想，还是要现实

视觉笔记“罐头中的慈善”

几个月前，学校组织了一次孤寡老人探访活动。同学们每三人一组，由一个义工哥哥带领，负责探访两位老人。我们拎着从福利机构领到的礼包，上了一栋陈旧的公寓楼。

不记得去了第几层。从电梯里出来，当面是一条深深的走廊，黑乎乎的。走廊两边是一道道窄窄的铁栅栏门，大概有二十多道，彼此间隔有几步远。每家每户的铁栅栏上，都挂着一块半新不旧的布帘子，布帘子后的木门，有些开着，有些关着。

带队的义工哥哥说，每道门后面就是一户人家，开着门能通风，挂上布帘子就能挡住外面的视线，留给家里人一些私人空间。

我和阿东、琪琪一组。琪琪怕黑，紧张地拽着我的胳膊。其实也不算黑。只是走廊太长，尽头才有窗户比较明亮，中间的走廊光线比较差显得比较昏暗。即便每隔几步，天花板都有顶灯，也无济于事。

2.1　堆积的食物罐

义工哥哥二十岁出头，戴着细框的圆眼镜，鼻梁高高的，很斯文有礼，他带我们敲开了其中一家的门。一位老爷爷出来开门。他头发全白，穿了件有褶皱的白衬衫，裤子松松垮垮地挂在腰上。脚有些毛病，走路一瘸一拐的。他招呼我们进门。嗓门特别洪亮，声音听起来很高兴。

这是一间面积不大的房间，一眼看去，除了厨房和洗手间以外，东西在客厅和卧室里堆得满满的。

我们三个手足无措。地方实在不大，不知道应该站在哪里。

老爷爷拿出几张折叠凳，招呼我们坐下。阿东递过礼袋。老爷爷打

开瞄了一眼，道了声谢，就整包放在了桌上。因为桌子不大，礼包一放上去就全占满了。

义工哥哥开始和老爷爷闲聊：问候老爷爷的身体是否康健，平时都喜欢做些什么，有没有亲人来探望，等等。老爷爷很健谈。他声音很高，吐字有些不清晰。我听不太清楚，就只是东张西望。一边的阿东和琪琪也在神游，很是好笑。

咦？房间一角，我看到堆着好几样跟我们礼包里差不多的东西：午餐肉七八盒、寿桃面十几包、燕麦皮几罐……难怪他看到我们的礼包一点都不欣喜。这些都是福利机构送的吗？

说着时间到了学校要求的半小时，我们启程去下一家。一出门，我们三个人都齐齐呼出了一口长气，感觉有些紧张。

第二家就在斜对门儿。这次是位阿婆——就是今天下午遇到的那位。只是当时好像胖一些，脸上的皱纹也没有今天这么深。房间里堆满了东西，有一扎扎叠在一起的纸皮，显得房间特别不明亮。

有了上回的经验，这次，我们进门后就各自找地方继续坐下来。主讲人依旧还是义工哥哥。我的眼神四处乱扫。咦？又是那些食物罐头，尤其是午餐肉和燕麦皮，比刚刚那家更多。莫非像我们的这种探访很多？

“奶奶，你不喜欢吃午餐肉和燕麦粥吗？”我脱口而出。

“我吃素。”那一次阿婆的声音跟今天一样，也很浑浊，“燕麦粥我吃不惯。”

哈？那怎么办？礼包里可是有好几罐午餐肉的，难道都拿回去吗？我后悔自己多事。

“我们的礼包里也是这些呀！”阿东比我还实诚，接口说道。

义工哥哥急忙帮我们解围：“奶奶不喜欢吃，可以送给其他人。”

“嗯嗯。”我们急忙齐齐点头。阿婆没说什么，她不像老爷爷那么健谈，表情也一直淡淡的。就这么冷场了一阵子，义工哥哥就带着我们起身告辞了。

原来，就是这个时候曾经见过那位阿婆，难怪面熟。

2.2　你给人贴过标签吗

第二天，我问妈妈：“为什么那两家都有这么多罐头呢？老爷爷和那阿婆家已经有很多了，为什么还送呢？不浪费吗？”

“因为福利机构的工作人员以为他们想要。”妈妈说。

“以为他们想要？”我疑惑地问。

“大家普遍猜测需要帮助的人一定缺少食物，于是都给他们准备食物，而且是那些价格不贵、常用，又能存放很长时间的食物。要同时满足这几个条件，可选的就只有那么几款。”

妈妈说：“**我们常常给人贴标签，把人们归类为简单的几种。**男孩一定勇敢强壮理性，女孩子一定文静柔弱感性；名校毕业的孩子一定更有前途；照顾孩子和做家务都是太太的事；先生就应该负责赚钱买房；给一家公司写文章说好话，就一定是收了好处费；支持某方的言论，就肯定是水军。”

我点点头，想起琪琪说她奶奶以前被卖保健品的人骗过，现在都不信任推销保健品的人了，说这些人都是骗人的，这也是贴标签吧。

“为什么我们会给人贴标签呢？”我问。

妈妈想了想说：“我们的大脑喜欢偷懒，它总是在寻找捷径。我们的时间精力有限，但是信息实在太多太复杂了。如果每一个只见几次面

的人，都要花时间去仔细分辨，我们就会不堪重负。**为了节省时间，大脑就会自动帮我们归类。**只有当我们对具体人或事情了解得越来越深刻之后，标签才会逐渐弱化。

“做事情也是一样的，当事情太多太杂的时候，把事情进行简单分类，抹除个体差异，就能大大简化工作。”

我想着福利社的情况——要帮助的弱势群体很多，如果先去调查每个人需要什么，然后买不一样的东西，上门送的时候每家每户还要拿不同的袋子，不能拿错了——我摇摇头：“的确，真是太麻烦了！”

“虽然贴标签能带给我们便利，然而却忽视了个体差异性，容易造成浪费，也很容易因为误解，对人造成伤害。”妈妈话锋一转，“老人家家里堆积的食物罐头就是一个例子。”

“那要怎么做呢？每家每户去问他们喜欢什么，太麻烦了！”我挠头，想把事情做到让每个人都满意真不容易呀。

“我们在下结论的时候，先反思一下，是不是简单地给别人贴了标签？有没有兼顾个体多样性的可能？可以试着把类别分细一点，简化一些操作，但不用分得非常细，会使操作太复杂而不可执行。尽量去找两者的平衡点。”妈妈说，你可以想一想，如果是你来帮助这些孤寡老人，你会怎么做？”

我会怎么做？这个很复杂，我得好好想一想。

2.3 一个陌生的世界

“还有一个问题。”我继续问：“既然看到老爷爷和阿婆家里剩下那么多食物。可以推测得出，我们这一袋子也还会剩下不少，我们为什

么还会继续送呢？”

“这是因为**大多数的工作缺少反馈机制，或者存在反馈不足的问题。**”妈妈说。

“反馈机制？”这是什么？我挠挠头。

“在商场，如果大家都不喜欢一样商品，这个商品就很难卖出去，就会堆积在那里。商场的工作人员很快就知道这个商品受不受欢迎。店长就会改卖其他商品。这就是反馈机制。”

我想了想，说：“就像我们考试一样。考得不好，就说明平时没学好。”

“没错儿。”妈妈微笑道：“慈善工作不一样。慈善送的东西都是免费送的。免费的东西无论喜不喜欢，大家都会先收下。万一想吃呢？或者也能送人啊？总之，先留下再说。”

我明白了。做慈善的人，很难知道大家喜不喜欢这些罐头。因为无论大家喜欢，还是不喜欢，他们都会领走。

我想了想，又觉得哪里不对，接着问：“可是，我们几个人就发现了呀。我们只去了两家，就发现了这个问题——看到两家都剩了很多罐头，其他人难道就没发现？”

“我们生活中除了商店、公司、工厂以外，还有很多**非营利机构**，慈善机构就属于这一种。这些机构不只靠自己赚钱，它们的营运资金有一部分来自人们的捐助或者相关部门的拨款。

一方面，花的不是自己的钱，就不会想得太多。接受者们到底喜不喜欢他们送的礼物？要知道这个问题的答案，需要花费很多精力去调查，众口难调。有些人满意，有些人不满意。要照顾多样化的需求，非常烦琐。这是**委托代理**经常会出现的问题。

另一方面，在里面工作的人，他们会不会升职加薪，跟他们给机构

省了多少钱也没有直接关系。”

“那跟什么有关系呢？”我问。

“一个机构如果不看重盈利那么对员工工作的评估方式通常也是钱以外的东西。这种机构里人员的行为方式会与商业市场里人的行为方式相差很大。”

“不一样在哪里呢？”我问。

“在营利机构里，一个重要的能力是为机构赚钱。如果你能给机构带来很高的收入，机构就会非常重视你。当然你是不是受同事们欢迎，是不是学习能力好，也很重要。”

“在非营利机构，员工的评价，基本上是由领导和同事来评价。领导和同事看重什么、觉得你怎么样，对你接下来怎么去做、能不能受重视起到至关重要的作用。”

“在学校里也是呢。如果老师和同学喜欢你，你就能有更多的机会。”我偷偷吐了吐舌头，想我就是受老师和同学喜欢的孩子。

“**当你身处一个组织中的时候，你必须首先清楚这个组织的规则以及处理好人际关系。**”妈妈说。

“可是，慈善机构里的人不应该都是为了改善人与人的关系，才进这个机构的吗？”这跟我平时从老师那里学到的很不同呢。

妈妈徐徐说道：“有一位经济学家叫作图洛克，他专门研究过这个问题。他假定在非营利机构里有两类人：

一类是持有远大理想和目标的**理想主义者**。在机构里，当理想与他人的意愿发生冲突时，这种人都会选择理想。

另一类人是**现实主义者**，刚好相反，会以他人的意愿为先，暂时放弃自己的理想。你猜，两类人在机构里的结果会怎么样？”

“会怎么样？”我问。

妈妈轻笑了一声，说：“结果就是只有那些听取他人意愿的人，才会在一次次的筛选中，留下来。”

我愣愣地看着妈妈，她似乎很遥远，声音也是冷冷的。只听她继续说。“慢慢地，**经过一次次筛选后，留下来的都是一批想法和态度都极为相似的人**。[①]”

“你是说慈善机构里的人都没有美好的理想了？”我更加疑惑了。

妈妈摇摇头：“不能这么说。还记得我说过‘这不是二元世界’吗？理想主义和现实主义是两个方向，会存在一些中间派。他们保留自己美好的愿望，也适于现实，先让自己适应下来，慢慢积赞实力。等到有足够实力，和很强的影响力了，再实现自己的愿望和抱负。你想成为一位伟大的参议员，就必须先当上参议员。”

“那，这些慈善机构的人，到底还有没有改变现状的理想？”我还是不太明白。

“这就不能一概而论了，要具体机构具体分析。上有所好，下必甚焉。要看身在机构高层的人到底有没有改变现状关系的心。”妈妈说。

“如果是我，我就一定要让这个事情变得更好。”我信誓旦旦说道。

妈妈揉了揉我的头：“好，我等着看。”

2.4　交易带来幸福感

回想起那些堆积在房间的罐头们。这实在是太浪费了！ 平日里，大

① 选自图洛克（Gordon Tullock，著名经济学家，公共选择学派创立者之一）于 1965 发表《官僚体制的政治》。

人总是教我们要环保，不能浪费。轮到他们自己，还不是一样？我愤愤不平道："我只去了两家，就发现那么多浪费的罐头。其他人家里肯定还有，怎么办呢，就这么由着他们浪费吗？"

妈妈想了想，说："每个人的需求不同。你不喜欢吃香蕉，你弟弟却爱吃。当人家给了你一根香蕉的时候，你会如何？"

"我就拿回家给弟弟吃。"我恍然大悟："你是说，老人家们也转送给他们的亲人吗？可是，他们都是孤寡老人，没什么亲人啊。"

妈妈问："如果把弟弟换成是陌生人呢？你会怎么处理那根香蕉？"

我猜："送给陌生人？"

妈妈又问："除了送，还有别的方法吗？光付出，没什么实实在在的收获，这种行为很难长期坚持下去。"

想到我常常拿我不爱吃的零食去跟同学们交换，我答："交换？"

妈妈点点头，转而又提出了一个问题："可是，要遇到想吃香蕉的人，手里刚好有你想要的东西，这种机会并不总是存在，怎么办呢？"

"可以把它们卖了换钱。"我说。妈妈曾跟我讲过，**之所以会有"钱"的产生，就是因为需求太过多样化，两两交换的机会不高。**如果你想要对方手里的玩具，对方却不想要你手里的香蕉，而想要别的你没有的东西。这个时候，我们可以先把自己的东西卖了，换成钱，再用钱去买他手里的玩具。

说完，我又有些犹豫："是送给需要的人，还是去交换想要的东西比较好？"

妈妈问："捐赠的目的是什么？"

我答："让他们过上好日子。"

“东西放在那里坏掉，可能不会给他们带来好日子。如果去交换，可以让他们真正得到需要的东西，哪种能帮到他们？”妈妈问。

“也是哦。”我点点头，“直接给他们捐钱不就好了？”

“我也觉得捐钱最实际、最有效。”妈妈说，“每个人都会有不同的偏好。为了避免资源浪费，我们可以进行交易。**每当发生交易，哪怕整个物品总数没有变化，人们的个别需求得到了满足，幸福感也会提高。**”

本章练习

找一找身边有没有给人贴标签的事例。

周围有没有亲戚在非营利机构里工作？问问他们想要晋升，需要满足什么样的要求呢？

第3章

低价团，是亏了，还是赚了

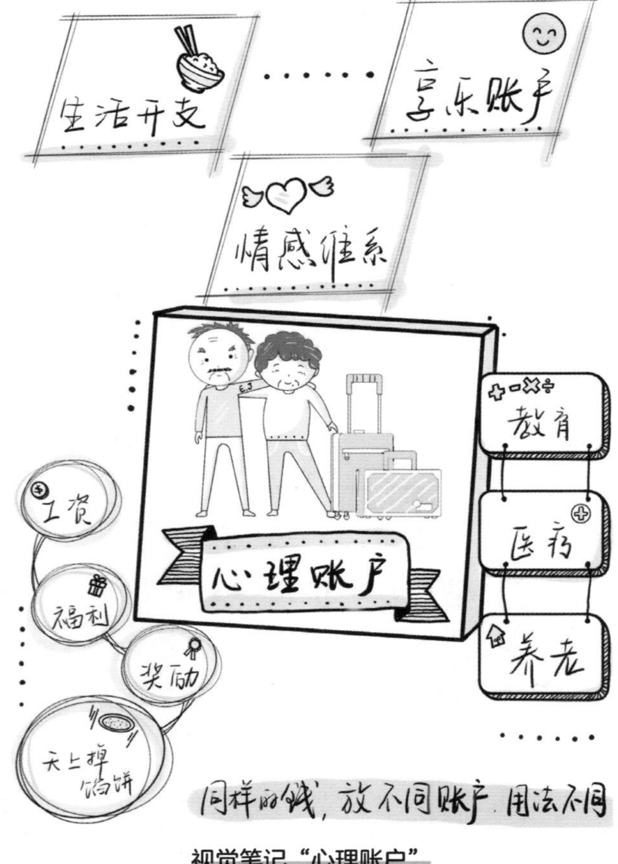

视觉笔记“心理账户”

放学后，路过便利店，再次看到那位阿婆。我犹豫要不要上前说话。可是，探访是半年前的事了，她还记得我吗？我跟她说什么好呢？问她“那些罐头后来怎么样了？”她会不会嫌我多事？建议她拿去卖钱？她是不是已经卖了？如果没有卖，去哪里卖呢？摆个地摊？我慢慢挪着步子往前走，脑子里纷繁杂乱，直到走过了，都没能鼓起勇气。

“嗨！”我暗暗叹口气！下次吧。

之后几天，学校有活动，回家都比较晚。路过便利店的时候，阿婆已经不在了。我反而松了口气，盼着学校多一些活动。

不知什么时候，那些堆在角落的纸皮也都被清走了。活动结束了？废纸回收的问题解决了？不过，这些事情离我都太遥远了，很快就被我抛到了脑后。

又过些时日，路过便利店，我心中已再无波澜，阿婆在或是不在，我都没有再留意。

3.1　心理账户效应

一日，回到家，发现门口院子里放了几个旅行箱。原来是外公外婆从美国旅行回来了。

“这次的旅行团太差了！什么都要加钱。吃饭要钱，景点要钱，哗啦啦，几天下来，都要两万块钱一个人了。根本没有便宜！”还没进门，就听见外婆的抱怨。

“是呀！低价团真不划算，下次再也不能贪便宜了。”很少发表负面意见的外公，这次居然也加入了“投诉战团”。

“本来六千块的团费，要从中国飞去美国，都不够来回机票和酒店的开销。景点和吃饭要付费，理所应当啊。这种行程的团本来就要两万多块。”妈妈的声音一如既往地温和。

“我回来啦！”我进门与大家打招呼。

外公乐呵呵地从背包里往外掏，边掏边跟我说：“这是给你买的！你爱吃的脆饼，你喜欢的玩具。”

四岁的弟弟跳着跑过来，扬着手里的玩具，对我喊：“我也有，我也有！”

“你们呀……老这样——自己舍不得花钱买东西，却总是给孩子们买这么多。”妈妈埋怨道，“花的钱一样，感受却不同，这是**心理账户效应**在起作用。”

“什么是心理账户？”我问。妈妈的口中总会冒出一些奇怪的词汇。外公也抬头看过来。

“你们上次参加的旅行团，团费也是两万多元，景点和餐费全包，你们只要跟着大家吃跟着大家玩就行。并且回来对那个团赞不绝口。这次总的消费也是两万多块钱，因为吃饭要付费，景点要掏钱，回来就觉得很不爽。消费总额一样，心理感受却不同。”妈妈说。

“然后呢？”我问。

“**贵价团是把‘购买的行为’与‘消费的感受’分开了**。提前一次性收了费，用的时候就只有享受旅游的快乐了。就像健身、美容等服务性商家，采用年卡或会费制度，还经常会把会费和按次收费的费用进行比较，让人觉得购买年卡或会费很划算。这种痛就痛一次，到了接受服务时，不再有付费的痛苦，只剩下快乐，消费者就能有更愉悦的感受。

至于廉价团，虽然总金额一样，游玩的快乐却被每一次支付带来的

痛苦抵消了。这是预先一次付费和之后单次付费的两个不同心理账户。”妈妈顿了顿，对着外公外婆继续说：

“你们平常自己舍不得花钱，却舍得给孩子们买东西。花的总金额可能一样，但是，给自己买东西属于**‘生活日常开支’**账户，给外孙们买东西属于**‘情感维系开支’**账户，情感无价。

“同样的金额，在‘生活日常开支’账户感觉贵了，在‘情感维系开支’账户却一点儿都不贵。所以，你们一边在自己身上舍不得花钱，另一边给外孙们买东西却很大方。

“现在的年轻人可以花两三个月薪水去买一个奢侈品，却情愿因此克扣每日的伙食费。在他们看来，奢侈品是**‘享乐账户’**可以用多一点，而伙食只是**‘生活日常开支’**可以省一省。”

“有意思。”外公若有所思，“还有其他例子吗？”

3.2　人们更受心理账户影响

“这是一位曾获得诺贝尔经济学奖的**塞勒**[①] 教授提出的**心理账户理论**。这个理论认为：**除了银行账户这样的真实账户以外，人们还有心理账户（Mental Accounts）。**这些心理账户可能有几十个。刚刚提到了‘生活日常开支’账户、‘情感维系开支’账户、‘享乐账户’，还有很多心理账户。

这些账户**彼此独立，也比较稳定。相对于真实的银行账户，人们更受心理账户影响。**最有名的例子是关于看电影的。”妈妈说。

“我喜欢看电影。”我开心道。

---

① 理查德 · 塞勒（Richard Thaler），获得 2017 年诺贝尔经济学奖，行为金融学奠基者。

外婆也问："看什么电影？"不知她是没跟上步伐，还是太入戏，一下子把我们都逗乐了。

"假设咱们花 100 元买了电影票……"妈妈说。

"看电影真是太贵了，在家看电视不一样吗？"外婆说道。

妈妈失笑："只是假设。假设我们花 100 元买了电影票，结果票弄丢了，你们还会去看电影吗？"

我还在思考答案呢，只听外婆说："本来我都不想去，这么贵！票没了，自然更不会去啦！"

妈妈继续说："另外一种情况：假设我们计划去看电影，不过还没有买电影票。但是，在售票处买票的时候发现：钱包里的一张 100 元不见了。我们去看电影要花 100 元，这个时候，我们还会继续买票看电影吗？"

"当然会啦。"我立刻抢答。

外婆想了想，说："这丢的 100 元，跟看电影没关系呀。"外公也跟着点点头。

妈妈继续说："这两种情况，我们实际的损失是一样的——都是 100 元。在丢电影票的情况下，我们再买票看电影，会觉得这个电影花了我们 200 元，实在太贵了。丢钱的情况里，看电影的账户和现金账户没有关联，所以不会影响去看电影的决策。

"这说明，与真实的账户相比，**大家的行为更受心理账户所影响。人们在决策时，会根据单个心理账户中的得与失，来衡量自己应该做什么，不应该做什么。很多时候，并不通盘考虑。**"

"好玩！"我似乎发现了人类思想的新大陆，急急地问："还有吗？还有其他例子吗？"

3.3　不同的心理账户

“前几天，妈妈的公司给员工发了书券。”妈妈又举了个例子：“为什么要发书券呢？直接发钱不更好吗？有些同事可不喜欢看书。操作起来也不方便，人事部的同事要先去书店买书券，再发给大家，大家还要在逛书店的时候记得带上书券。如果发钱，只要在每个月发薪水的时候加上一笔就行了。”

我不乐意了，嘟嘴道：“之前你不是说，公司送你书券，是因为老板觉得我功课太差了，要多买些练习册来做吗？”

大家哈哈取笑了我一阵。外婆说：“还是发钱最实在了。”

“不管是以现金发放，还是以书券发放，公司的投入都一样。个人却不一定喜欢书券。公司为什么要吃力不讨好呢？”

“没错儿。为什么要这么麻烦呢？很多公司都发实物福利，肯定有好处，大家才都这么做。”外公平时可不像今天这么话多。

“这也是心理账户在起作用。如果福利以现金的形式放在工资里一起发，大家就会把这笔钱加入心中的‘**工资账户**’。除了第一次发放时会产生‘加薪’的幸福感外，之后就会习以为常。而每一次以不同形式发放的福利，大家会归入‘**福利账户**’，就算不如现金实用，但是每收到一次都会产生一次幸福感。所以，员工更加快乐。”

“有意思。”外公点点头。

“其实除了‘工资账户’‘福利账户’以外，我们还有‘**奖励账户**’‘**天上掉馅饼**’的账户。”妈妈继续说道。

“天上掉馅饼儿？哈哈哈哈。”这个账户实在太逗了，我忍不住大笑起来。

“‘工资账户’里的钱，是我们每天辛苦劳动所得，大家用起来就会精打细算。我们会把年终奖放进‘奖励账户’，用起来就随意一些。通常大家收到年终奖，都会好好奖励自己一番，买件平常不舍得买的衣服、包包和首饰。”

“‘天上掉馅饼’账户呢？”我追问。

“那些中了彩票的钱、在股市里赢到的钱，我们都会把它们归类为‘天上掉下的馅饼’。得到了这些钱之后，很多人会进行大笔的捐赠，或者用来买豪宅、买豪车，一下子就花了大半。同样金额的钱，如果是工作赚来的，大家一定舍不得这么花。”妈妈说。

外公说:“说起这个,我想起一件有意思的事:我有个老朋友。有一次，他听周围人都在说炒股赚钱，也打算试一试，就拿了一些本金开了个股票账户，又听人介绍，买了一只股票。刚开始，这股票一路上涨，没过多久,就翻了几倍,赚了一些钱。他当然非常高兴,觉得股票赚钱真容易。没想到,之后,那只股票的价格急转直下。他想,反正这些钱都是赚来的,亏了也不心疼,万一又涨回去呢——就像别人说的‘只是震仓回调罢了’,于是，他继续持有。到后来，跌到只剩下本金的一半了。朋友们问起他：‘股票怎么样啊？’他回答：‘还好。只亏了一半。’”

妈妈点头：“如果他中途收手，他就赢了一些钱。从实际账户来说，最后他输了挺多的。但是,在心理账户中,他把那些输了的钱都放入了‘天上掉下的馅饼’账户，所以，用起来就特别轻易。其实，无论放哪个账户，钱都是一样的，能给生活带来的改变也一样，但是，就是因为人们把它们归入了不同的心理账户，处置方法就完全不同了。”

3.4　心理账户的应用

“看来，心理账户不太好呀。”我挠挠头。

“还记得我之前说过的吗？**这个世界不是二元的世界。没有十全十美的事。每样事物都有好和不好的一面。关键是我们怎么用。我们要尽量利用它好的地方，回避它不好的地方**。

心理账户，把我们的钱安排了不同的功能和用途。对那些爱花钱、自制力不强的人来说，**这种框定的边界，可以帮助他们更好地平衡开支。**”

“怎么个帮法呢？”我问。

“比如，我把钱分别存入了‘孩子的教育经费账户’‘医疗费账户’‘养老账户’等，这些账户之间是彼此独立且保持稳定的。**当其他账户的钱用完了，我就不怎么会去动用上面这些账户里的钱。如果用了，心里就会感到不安**。咱们通过分类预算来规划和控制支出，就是基于这个原理。

有些商家也会利用这个原理来设计销售策略。把人们本来舍不得的消费，巧妙地把这笔费用从一个账户偷偷换去另一个账户，就容易让人改变消费态度。”

“这要怎么做呢？”外婆问。

“比如有些人重视人情关系，‘人情账户’的消费就比日常消费更大方些。商家们就创造了各种节日，提供各种送礼的现金券，也会把平日不怎么畅销的日常用品，重新包装成可以送给父母、情人、朋友的礼物，就大大促进了销售。

礼物，不再是东西本身，而是一种社交货币。也就是说，这个礼物，是不是真的物有所值？或者，收礼的人是不是真喜欢？变得不再那么重要。大家的注意力，从东西本身转移到了东西背后所代表的情感。情感无价，大家也就更愿意掏钱了。”

外公一边听一边若有所思。过了片刻，他问：“怎么回避它不好的一面呢？”

“我们要意识到我们的决策时时刻刻受到‘心理账户’的影响。无论是小到日常消费，还是大到买房买车，投资股票债券，又或者公司的业务决策时，**我们都要抽离出想一想，用全局的眼光，重新审视这笔收益或是支出，如果放在其他账户，是不是有更好的选择**。

比如，如果领了年终奖，想买一个包包奖励一下自己的时候，想一想，假设这年终奖就是平时的固定工资，你会怎么花？

再比如，很多家庭一边在付着高昂的住房按揭利息（年息5%~7%），一边又在银行账户存了大量的闲散资金，仅收取很低的利息（年息1%~2%），因为在他们心中‘按揭贷款’和‘存款’是两个独立的账户。抽离出来想一想，如果没有稳定的更高收益的投资途径，是不是把储蓄先还掉部分贷款？”

临睡前，躺在床上，我反复琢磨着妈妈讲的例子：同样的事情，放在不同的心理账户，就会做出不同的决定。我们人类真是复杂又有趣，从前很多理所当然的事，似乎变得捉摸不透起来。

本章练习

想一想，身边还有什么样的现象，可以用心理账户理论来解释？

第4章 你是幸福，还是不幸福

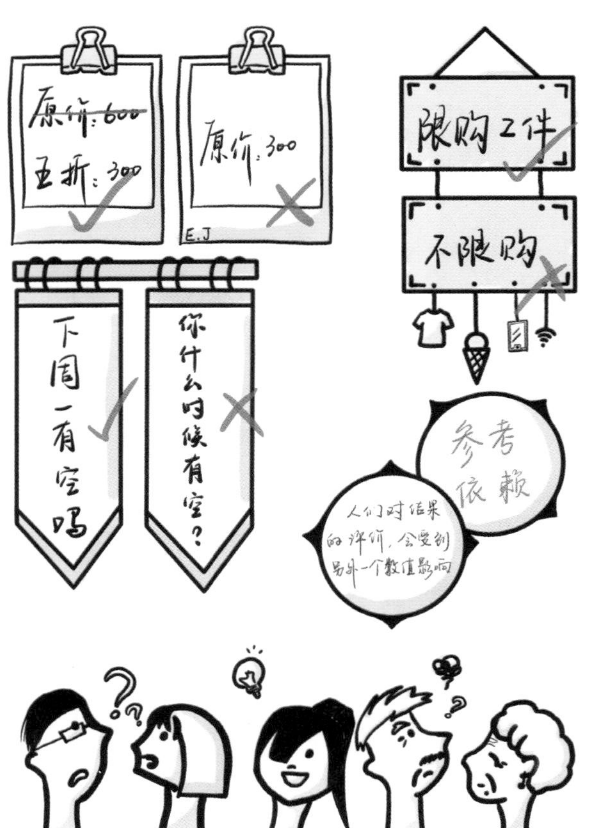

视觉笔记“参考依赖，你上钩了吗”

今年的夏天特别漫长，直到大家以为会一直这么炎热下去，却陡然转凉，直接跨入了冬季。早上，临出门前，我已经在校服外加了件外套了。放学时，才踏出教室，迎面一阵冷风，吹得我打了个哆嗦。

我裹着外套，一路匆匆回家。路过便利店，不经意瞟了一眼，看到阿婆还是坐在老地方，面前停着堆了一半的纸皮拖车。她穿得很臃肿，看上去很暖和。

4.1 突然的晕厥

咦，她怎么在喘粗气？脸色灰白，皱纹都纠结在了一起。样子很狰狞、很痛苦。她怎么了？我不由快步向前。还没等我走到她跟前，她一歪，倒在了地上。我吓呆了。怎么办，怎么办？我环顾四周，天冷，路上一个人也没有。

我冲过去，看着倒在地上的阿婆。她紧闭双眼，面如金纸。想摇醒她，突然又想起常识课老师说这种情况不能晃。转头看到隔壁的便利店，我一个箭步冲了过去。

便利店里亮着温暖的黄色灯光，播放着舒缓轻柔的音乐，工作人员穿着鹅黄色制服，头顶咖啡色布巾，埋头整理着货架，与寒冷空寂的室外俨然两个世界。

眼见此景，我一时说不出话来，只觉得胸口的心在怦怦乱撞。

听到我进门的声音，工作人员抬起头来。正是上次的小姐姐，她笑着说："欢迎光临！"

我深吸一口气，缓过神来，大声说：“阿婆晕倒了。快打 999。”

“啊，晕倒啦？”小姐姐一边拎起手机，一边从柜台后转出来，跟我冲出门外。小姐姐上前看了一眼，就打起急救电话来。

我站在一边手足无措，试着回想常识老师教的急救内容，可惜，越急，脑子里越是一片空白。

小姐姐打完电话后，也不知道要做什么了。就跟我有一搭没一搭地说着话。感觉时间过得特别慢。不知过了多久，救护车到了。

医护人员边把阿婆抬上担架，边问：“谁是家属？”我们一起摇摇头。

医护人员又问：“认识她家里人吗？”

“她是孤寡老人，住在附近，具体不知道哪里了。我们学校孤寡老人探访的时候见过她。”我答。

小姐姐也点头：“她就住在附近，每天在这里捡纸皮。”

我探头往救护车里看，只见阿婆在医护人员的急救下醒了过来。我的心一下子就松了。

救护车呼啸而去。我跟小姐姐道别。她冷得哆嗦了一下，跟我摆摆手，匆忙跑回店里。

回到家，我激动地跟爸妈描述发生的一切。在我有限的十二年生命里，还没有经历过这么大的事呢。

“也许天气突然转变，老人家承受不住。”妈妈叹口气道。

“她那么大年纪了，为什么还要捡纸皮呢？纸皮那么便宜，捡一车也卖不了多少钱吧？那一车纸皮肯定很重。她卖一罐食物罐头就够一车了吧？”我问。

“食物罐头只是偶尔有，也没几罐，最多摆个小地摊，一天就没了。

但纸皮天天可以捡。每次虽然少，积少却能成多，也算是个稳定的收入。”妈妈回答。

“那可以做别的轻松一点，钱也多一点的活儿呀？”我说。

“比如？”妈妈挑眉看着我，又一副要看我笑话的表情。

“呃……”我脑子里闪过能想到的所有工作——司机、餐厅服务员、街头艺人、保安、清洁工、保姆、超市收银员……好像要么需要特殊的技能，要么需要很多体力。想起妈妈常说的“现在多读书多学习，以后选择也能多一些”。

4.2　三十万元奖金，多吗

“还是咱们幸福呀！”我不禁感叹道。

“咱们幸福吗？上次，你去嘉恩家，看到她家的私人游泳池，羡慕得不行，不是还觉得自己不幸福吗？”妈妈一脸促狭的表情。

“呃……”我无语。怎么还记得这个呢？

“如果仔细观察，你会发现，**到底幸福还是不幸福，并不是绝对的，而是看你在跟谁比**。”

妈妈说，“虽然听上去很理性，但事实就是如此——如果阿婆与战争时期的人相比，她就会觉得自己还是幸福的。而你，跟阿婆比，你觉得幸福；跟嘉恩比，又觉得不幸福。

“所以，如果有一天觉得自己不幸福的话，那一定是把比较的对象选高了，试一试选择差一点的比较对象，你就会开心很多。”

这是什么说法？好吧。当我羡慕别人家的爸妈时，不是爸妈的错，

是我的错，谁让我往上比了。我正自嘀咕着，只听妈妈继续说道："今年，公司给我发了三十万元奖金，你觉得怎么样？开心吗？"

"哇！这么多！当然开心啦！"我不假思索地说。

"可是，我听说，跟我差不多的同事拿了五十万元呢。"妈妈继续道。

"哎？"我愣住了。

妈妈说："这是行为经济学里著名的**'参考依赖'理论**[①]。在心理学中，则有另一个名词，叫作'**锚定效应**'。"

"这种理论认为，**人们对结果的评价，会受到另外一个数值所影响。**人们看的不是最终结果的多少——'三十万'这个数字是多、还是少，而是看这个结果'三十万'与参照点'五十万'之间的差额。同样的'三十万'可以算多，也可以算少，这取决于你选取的参照点。"

"没有比较就没有伤害啊！"我说。

4.3　冰激凌，吃哪个

妈妈转身去书房，拿回两张纸，递给我一张，说："你喜欢吃冰激凌，咱们再拿冰激凌来打比方。这杯冰激凌，你觉得花多少钱买合适呢？"

纸上画着一杯冰激凌。我左看右看，没什么特别呀："10 块？"

妈妈把纸收起来，又拿出另一张纸："这个呢？"

这个好像少一点。"8 块？"我答。

① 出自行为经济学家莫基人丹尼尔·卡尼曼，2002 年诺贝尔经济学奖获得者。

“这其实是一位华人经济学家做过的实验[①]。当你把两杯冰激凌放在一起的时候，就会发现，你报价的8元冰激凌比10元的更大。只是10元这一杯，因为杯子比较小，看上去冰激凌快溢出来了，感觉很多。而8元这杯，杯子很大，装不满，感觉就少了。事实上，冰激凌的实际大小反而相反。”

呃？我愣愣地看着两张图：“放在一起的话，我肯定知道怎么选了！”

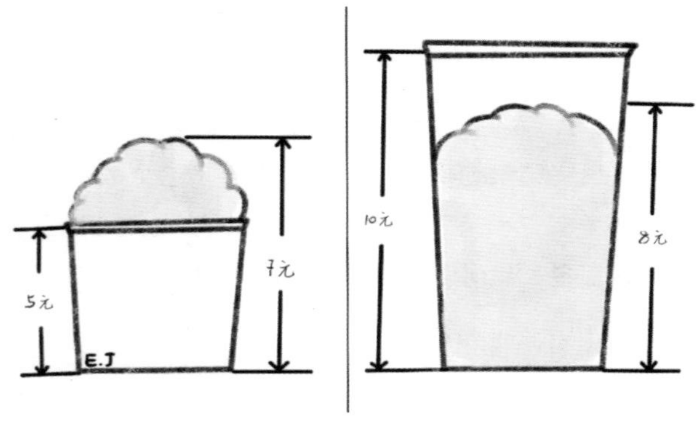

图 4-1 冰激凌实验

“你的选择跟实验结果一致：大多数人都愿意为分量少的这款冰激凌付更多的钱。”妈妈说：“**我们做决策时，往往就是如此——拿到的信息常常是片面的、孤立的，并不能把多个选项放在一起直接比较**。”

“我越来越不懂人们的想法了。”我愣愣地看着两张图。

“这其实也是受参考依赖的影响。在我们心目中，冰激凌的实际大小不重要，它与杯子的差距更重要。再来一个小测试。

你去书店，看到一支漂亮的荧光笔，标价25元。你正要买。

① 出自芝加哥大学奚恺元教授1998年发表的冰激凌实验。

你爸告诉你，在他工作的地方有个小店，同样的笔只要 16 元。你去那里要花 15 分钟的时间。你愿不愿意多花 15 分钟，去省下这 9 元钱呢？”

“当然会了！ 25 元省 9 元呢。”我不假思索地答道。

“另一天，你要买一套乐高玩具。这套玩具标价 1000 元。你爸又跟你说，在那个小店，只要买 991 元。你愿不愿意多花 15 分钟，去省下这 9 元钱呢？”妈妈再问。

“哈？ 1000 元才省 9 元，我要跑那么老远？”我摇头：“不去！”

“一样是 9 元，一样是 15 分钟。为什么你两次的决定不一样呢？”妈妈笑着说。

“是啊！哈哈哈！”我尴尬地笑笑，我又中了**参考依赖**的圈套了。

“上一次，外公讲了投资的故事。因为投资者把赢来的几千元放在了‘天上掉下的馅饼’账户，所以，用起来就不谨慎。其实，他也受到了参考依赖的影响。

在他的心里，他的参考点一直都是刚开始投资时口袋里的钱。赢了几千元之后，他的参考点并没有改变。所以，就算最后赔光了，他也没有太大的不开心。”

“这个简单，我明白……”突然瞄到妈妈似笑非笑的表情，我志得意满的话就憋在了嘴里。

妈妈说：“简单？考考你！”

只听妈妈问：“知道这个理论，要怎么用在生活中呢？”

我索性赖皮地直接摇头。这么难的问题，我要好好想一想。

4.4 参考依赖的应用

“很多商家就是利用参考依赖来推销自己的商品。比如，一件玩具价格300元。按照原价300元出售，就不如标价600元，但半价出售时卖得好。”妈妈说。

“哦！”我恍然大悟：“大家把600元作为参考点，觉得现在半价了，好便宜啊。实际上的金额是一样的。”

“买卖双方谈判时，卖方通常会先报一个很高的**价格**——也就是最初的参考点。大家基于这个参考点慢慢往下谈，这样成交的价格就会比较高。

商场促销时，会规定某些商品限购几件。通常限购几件的商品，会被其他时段没有限购的时候卖得更多。**这时候大家的参考点就不再是价格，而是数量**。原本的数量是无限大，现在仅有几件，造成了紧缺的感受，促使大家尽快买下来。

如果你想约一个人见面，而这个人总是很忙、很难约。你也可以直接提出一个比较近期的时间，如下周一。**这时参考点变成了时间，对方会围绕这个时间**，提出附近的一些时间选择。

总之，**应抢先提出有利于自己的参考点，赢得主动，让形势更有利于自己。**”

“如果被别人抢了先，怎么办呢？”我问。

妈妈答道：“**当我们是被动一方，应提醒自己正受参考依赖的影响，多关注绝对值，而不要受相对效果所影响**。”

“怎么不受参考依赖影响呢？”我还是没明白。

“你经常陪外婆去逛街，你有没有发现她讨价还价的技巧？当她去

了一家服装店，店家开了个高价之后，她是什么反应？”

我试着回忆了下：“她转身就走。”

“店家会有什么反应呢？”妈妈又问。

我：“店家会主动降价，拉她回来谈。外婆会继续走。店家会再降一次价。”

“这就是卡尼曼所说的‘**通过改变参考点的方法来操纵人们的决策’。**外婆用强硬的姿态让店家被迫把参考点往下拉。直到拉到一个合理的价格，外婆才会开始跟他谈。”

我：“原来外婆一早就明白了参考依赖理论了呀。”

妈妈：“这些都是生活中形成的智慧。我们去参加派对，有个宾客夸夸其谈，夸耀自己的豪车、高薪，我们可能下意识后退几步，与其他人交谈，离开这个高的参考点。”

“我怎么能知道什么是合理的价格呢？”

“那就需要你平时多了解市场，多走几家店，搜集多一点信息，再做决定。遇到不熟悉的问题，不要轻易下结论，要多了解信息，再做出决策。对方给你二选一的题目，你也不一定要在其中选择，跳出这个框框，抽离自己，再做选择。”

“在金融市场上，这种效应就更加明显啦。很多上市公司会在股价比较高的时候，把股份拆分。如一拆四，持有一股就变成了四股，原价 40 元也变成了每股 10 元。记得我曾经教过你什么是股票。

股票是公司所有权的凭证。就像切蛋糕一样，公司的所有权就像蛋糕，切成平均的很多块，有人拿一块，有人拿几块。现在把每个人手里的蛋糕再切细一点，实际上每个人拥有的比例还是一样的。

但是从股票的份数来讲，参考点是 1 股，现在成了 4 股，股东感觉

很爽；从价格来看，参考点是 40 元，现在是 10 元，好便宜啊，大家觉得总有一天会涨回去的。所以，上市公司很喜欢做拆分。因为一拆分，现有的股东很高兴，还不是股东的人会觉得股票便宜而买入，这样能推高股价，也很开心。”

“参考依赖也严重影响了投资买卖的决策。人们总是会把自己买入资产的成本价作为参考点。

亏损了，不愿意卖出，就算形势急转直下，却老是想着买入的那个价格，希望回到成本价。赚了 20%，就急急卖出，即便宏观环境和资产本身形势一片大好，也急忙卖出套现。这也是因为锁定了成本价作为参考点的决策。”

“那怎么办？”我似懂非懂。

“应该忘记参考点，根据现在的情况和形势来评估资产未来的走向，一切向前看，不要往回看。”妈妈答。

本章练习

找一找身边还有哪些行为是受到了参考依赖的影响呢？

第5章 这么贵的酒，是喝了，还是拿去卖

机会成本：

放弃的选择中带来最高收益的选择所带来的收益。

视觉笔记“机会成本”

昨晚，妈妈最后讲的那段话，我是没记住多少。但“参考依赖”这个概念，我是明白了。没有比较，就没有伤害嘛！下次，妈妈要是拿我的成绩跟阿媛的比，我就让她调低一下参考点。又或者，我可以抢占主动，提前告诉她一个低的参考点。嗯。这个主意好！找谁作参考点呢？看到从远处走来的阿东，我笑了……

下午小息时，我跟阿东和琪琪描述了一番昨天放学时的情境。我们仨，当时可是一起去探访这位阿婆的。

“不知道阿婆现在怎么样了？”我说。

“不如，我们去看看阿婆吧？”琪琪建议道。

“她住哪里？你们记得吗？也不知道昨天的救护车去了哪一家医院。”昨晚，我也曾兴起过探访的念头，后悔当时没多问一句救护车的叔叔，问问他们会去了哪家医院。

“我有义工大哥的微信。”阿东得意地扬了扬手里的手机：“怎么样，有先见之明吧？”

阿东和义工哥哥一番微信来往，就约定了两星期后再去阿婆家探访。路过便利店时，我特意进去找了小姐姐，邀她一同前往。小姐姐欣然应允。

不经意间，未来小有名气的“慈善小分队”就有了雏形。

5.1 外公的财富

等上完兴趣班，回到家，外公外婆已经开始吃晚饭了。想起昨晚提到的讨价还价策略，我对外婆说：“外婆，你好厉害呀！一早就会用‘参

考依赖’了呢。”

“什么‘参考依赖’？又是你妈教你的新词？”外婆停下筷子，饶有兴致地看着我。于是，我又跟外婆解释了一通。

“哦！就这个呀。”外婆不以为然地说，“不过是换了个新名字罢了。你外公就一直受到那什么依赖影响。”

“参考依赖。”我补充道。

外婆说道：“你外公爱喝酒。家里藏着好多瓶好酒。那些酒，以前买的时候非常便宜，一百元钱就能买一瓶。现在，在市场上，同样的酒能卖两三千元钱呢。”

“这么贵呀？”我啧啧咂舌。这学校小卖部的一瓶可乐才卖7元。我瞄了眼桌上那瓶酒，如果这要卖两三千元，岂不是每喝一口，就要花上好几元钱？这么浪费啊！我不满地瞟了外公一眼。只见，外公的眉头皱得更紧了。

外婆可不理这些，继续说：“我让他去卖了换钱。他不肯。情愿自己喝掉。一瓶酒两三千元呀！总共有二十多瓶。”

二十多瓶？我心算了下，那是四五万元啊！我存了那么多年的零用钱，也才四五万元！我又瞅了眼外公，不悦道：“我喝的是用一百元买来的酒，又不是用两三千元钱买的，你有什么不乐意的啊？”

外婆向来反对外公喝酒，如今有了理论依仗，说话更理直气壮了：“你看？我说的吧——你外公这就是那个什么依赖！”

“参考依赖！”我又补充道。

这时，妈妈也到家了。她显然是听到了我们的对话，接口说：“很多人投资就是这样。无论是买房子，还是买股票。心里总惦记着‘当初是多少钱买的’，‘现在是赚了，还是亏了’，从而决定‘要不要卖

出套现’。但是，好的投资人都知道，应该忘记当初的买入价，转而根据市场上现在的价格来做决定。你外婆要是当初去做投资，说不定能赚很多。”

外婆眉飞色舞，颇为得意地朝我扬了扬下巴，正要说什么，只听妈妈继续说：“不过，除了参考依赖，外公这种行为，还有一个原理也能解释。”

“什么原理？”我和外婆不约而同地问，外公也停了筷子。

5.2 吃草莓的机会成本

“这里牵扯到一个新的概念——机会成本。我们每做一个选择，都会放弃其他选择，也就放弃了其他选择所带来的收益。其中，在那些被放弃了的选择中，肯定有一个收益是最高的。那么，**这个被放弃了的最高收益，就是做这个选择的‘机会成本’**”。

呃……这选择、放弃的选择、收益、成本，都是什么呀？我挠着头，痛苦地道：“这也太绕了吧！我没听明白。”

妈妈指了指吧台上的水果：“这里有三种水果，按你喜欢的次序，来排个序，试一试？”

这个简单，我当下回答道：“我最喜欢草莓、苹果和香蕉。”

“现在，只允许你吃一种水果。你选择吃草莓，就会放弃吃苹果和吃香蕉。**机会成本的定义是‘放弃的选择中，带来最高收益的那个选择，所带来的收益’**。根据这个定义，你吃草莓的机会成本是什么？”

“苹果。”回答的是外公。

“如果你选择吃苹果呢？”妈妈继续问。

“香蕉！”我这次抢答成功。外公朝我挤挤眼，说：“是草莓才对。剩下来的是草莓和香蕉。其中，草莓才是你放弃了的、最喜欢的那个。机会成本说的是，你放弃的选择中，带来最高收益的那个选择。”

“啊？又错了？”我耷拉下了脑袋。

妈妈微笑地点点头：“没错儿。是草莓。”

“吃了草莓，苹果和香蕉都被放弃啦。为什么机会成本只是苹果呢？”外婆突然说道，她常常比我们慢一拍。

我急忙答道：“因为只能选一个水果吃呀！”这次总算对了吧？我仰着头，等妈妈表扬。

“没错。在这种情况下，的确如此。”妈妈点头：“情况稍微变一下，答案就不同了。现在这个问题的前提是桌上已经有三个水果了。如果是给你 50 元钱，让你去买水果。也是这三种选择。假设草莓贵一点，一盒要 50 元，苹果要 30 元，香蕉要 20 元。这个时候，你买了草莓回来吃，你的机会成本是多少呢？”

我挠挠头：“不还是苹果吗？”

妈妈摇摇头，转头看向外公。外公想了想，说：“买草莓的 50 元，可以同时买苹果和香蕉。是不是机会成本就是苹果和香蕉？”

“哦！”我恍然大悟。

5.3　卖茶叶蛋的机会成本

“说了半天机会成本，这与外公的那些酒有什么关系呢？”外婆问。

“大多数人决策，只看沉没成本。”妈妈说。

“又一个新词？”我要晕了。

妈妈笑了笑，继续道：“**所谓沉没成本，就是你已经为此支付的成本**。这个概念，咱们下次再详细讲。外公老是记着当初他买酒的成本 100 元。其实，这个成本一早已经付出去了，是沉没成本，与现在的选择没有关系了。记住一句非常重要的话——**‘沉没成本不是成本’**。咱们做选择时，**应该选择机会成本最低的选项，而不是考虑沉没成本**。假设，这瓶酒如果卖掉，能收到 2000 元。因此，喝掉这瓶酒的机会成本，就是放弃掉的 2000 元，而不是沉没成本 100 元。”

“就是！太贵了！”外婆点头，脸上笑开了花。另一边的外公却是一脸不乐意。“经济学家薛兆丰曾经讲过一个故事：在一线城市繁华商业区有一个卖茶叶蛋的店铺。店铺老板家祖祖辈辈都在这里卖茶叶蛋。他的祖先一早就把铺位买下来了。他不用交租，也不用聘请工人，都是自家人在工作。所以，除了卖鸡蛋和水电煤气钱，没什么经营成本。他每天卖掉的茶叶蛋，基本上就是利润了。你们觉得这个生意怎么样？”

“挺好呀！”外婆说。

我刚要点头附和，转念一想，妈妈问这个问题肯定是埋了个坑，于是转头看向外公。

妈妈笑着说：“你看外公做什么？别偷懒。快自己想！刚刚教了你决策要考虑机会成本，这里的机会成本是什么？”

好吧，我一边摸着被打的头，一边嘟囔道：“他不去卖茶叶蛋，就去找工作？机会成本就是他的工资？”

妈妈转头问外公：“爸，您看呢？”

外公沉吟了片刻，答道：“应该是铺面出租的租金。”

“没错儿。这里最关键的机会成本就是对外出租的铺租。在一线城

市繁华商业区铺租都比较高。他什么也不用干，把铺子租出去，获得的租金可能是卖茶叶蛋所得的几百上千倍。”

5.4　机会成本并不只看钱

妈妈看外公又喝了口酒，笑着问：“回到喝酒的问题。咱们来看看，如果选择卖掉酒，机会成本是什么？”

“卖掉酒的机会成本就是把酒喝掉，答案就应该是零。”我答。

妈妈又摇头了：“**机会成本可不只有钱这种货币成本，还有很多隐性的东西，如时间、精力、运输、情感、经历等**。”

“哈？这个要怎么计算？”我问。

“小区超市里的东西比市中心的菜场要贵一些。外婆常埋怨我就在小区的超市里买东西，而不去远一点的大菜场。但是，对我来说，路上的时间成本就远远高于这之间的差价。这里的机会成本，就包含了时间价值和路途上的交通费用。

平日里，我们大多都对黄牛党表示鄙视、愤慨，希望有关部门能够立刻取缔黄牛党。但是，到了春运时节，为了买回家的票，或者买心爱明星的演唱会票，当我们没办法从正常途径买到票时，也愿意花更高的价去买票。我们愿意买，说明这个黄牛价依旧小于等于那张票在我们心中的价值。虽然我们嫌贵，但黄牛依旧满足了我们的需求，让我们的幸福感提升了。这里的机会成本，包含的是情感价值。

你上大学的表姐，暑假期间没有去打工赚钱，而是去各个地方旅行。‘读万卷书不如行万里路’，意思是经历带给人的成长不输于课本学习本身。她选择打工赚钱的话，机会成本就包含了经历带来的成长价值，

当然也需要扣减旅行的费用。

我们做决策的时候，权衡的不仅仅是货币成本，而是全部成本。我们不能只考虑钱。所以，对外公来说，把酒卖掉的机会成本可不是零，而是喝酒所带来的幸福感。他不愿意把酒卖掉，意味着，对他来说，把酒喝掉带来的幸福感高于 2000 元。”

妈妈说：“机会成本的难点在于它是备选方案所带来的价值，不是已经发生的，而是没有发生的。没有发生的事情，结果到底会怎样？我们并不能确定。**评估起来，也就需要格外谨慎**。而且没有发生的事情，到底有多少种可能性？这些可能性成功率多少？能带来多少收益？**需要我们想象，想象那些我们看不到的东西。**说起来简单，做起来难。尽管如此，**机会成本却是帮助有效决策的关键。如果你能考虑到机会成本，已经能胜人一筹啦**。”

我嘟着嘴说：“想想都难。”

妈妈继续说：“不用要求自己每次都能做对决策，但是，至少得提醒自己，下次做选择的时候，要分三步走：

1 试着**写下所有可能的选择项**。机会成本是个相对的概念，至少要有两个以上的选择，才能比较。

2 **列出每一个选项带来的全部价值**，包括货币价值和非货币价值，同时评估实现的成功率。

3 **选择成功率和价值综合评估最高的选项**，这个选项也就是机会成本最低的选项。”

我皱紧了眉头，努力思考妈妈的话。有点绕。我得好好想想。

只听外公慨叹：“老话说，‘有得必有失’，这是提醒我们，不要只看到‘得’，而忘了‘失’啊！”

本章练习

这个周末，一位同学约你去爬山，另一位同学约你去看电影，试着算一下两个方案的机会成本分别是什么。

第6章 遇到困难，应该放弃，还是坚持

沉没成本
不是成本
过去
未来
舍
得
沉没成本
现在

视觉笔记"沉没成本"

我在等巴士。今天是我们去探访阿婆的日子。我要赶去和其他几个小伙伴会合。

“不行！已经交了钱，怎么能不去呢？快走快走！”一个衣着精致的妈妈，背着大提琴，拉着一脸苦相的儿子，从我身边匆匆而过。这架势，是正要赶去上大提琴课。儿子，显然不想去，妈妈却偏要他去。

“嘻嘻！沉没成本不是成本。”我默默地在心里念叨。

冬日暖阳照在身上，懒洋洋的。我看着前面还在拉拉扯扯的母子，不觉有些小得意。一个人站在巴士站，竟然自言自语地卖弄起来：“到底要不要去上大提琴课，不是看是不是已经交了钱，而是要看机会成本。说不定这段时间去做别的事情，能有更多收获呢。”

这些天，我感觉手里抓了一把看世界的锤子，看到什么，都觉得像钉子，都想上去敲打一番。这一切都源自上周末和妈妈参观科学馆时的一番谈话。

6.1　科学馆的宝贝

我们这里的科学馆有一个镇馆之宝，叫作“能量穿梭机”。这个穿梭机像一座巨大的过山车。有多巨大呢？有四层楼那么高！据说是目前为止世界上同类展品中最大的一件。既然是能量穿梭机，那穿梭的是什么能量呢？其实，就是很多个圆球。

在穿梭机的最高点，几十个圆球在同一个地点出发，一个接一个。在运动过程中，会遇到不同的触发条件，走向不同的岔路（能量穿梭机构造如图 6-1）。

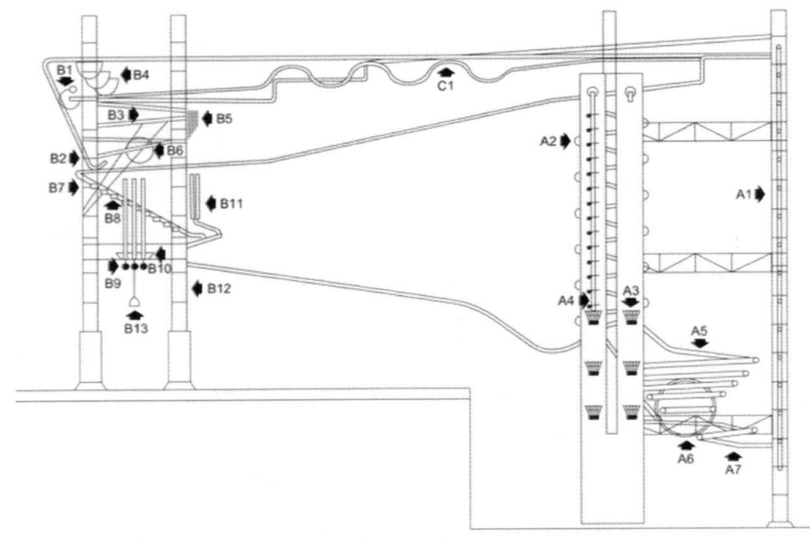

能量穿梭机

那天，我们站在最高层，俯瞰圆球的运动：有些球，化作空中飞球，直接跳入下层轨道；有些球，进入摇滚轨道，左右剧烈摇摆；有些球会撞到帆翼，推动小船前进；有些球则打响了沿途的鼓、管钟、锣、木琴和钟，演奏出独特的乐曲；还有的球，会点亮不同颜色的霓虹灯……特别壮观。

“人一辈子，就像这些球，会遇到很多不同的情形，做出不同的选择。而**这些选择，最后就决定了人的一生。**”能量穿梭机的运动结束后，妈妈盯着那机器沉默良久，突然感慨道：**“很多人的起点都一样，最后的结果却千差万别。有些人运气特别好，遇到好的时机，或者遇到贵人提携，一下子就成功了，提升了几个阶层，就像那直接跳入下层轨道的空中飞球；有些人一辈子却充满波折，起起伏伏，就像那些进入摇滚轨道，左右摇摆的球；有些人通过自己的努力，推动了一个企业或者行业的发展；有些人用自己的精彩人生，给他人展示了一幅可歌可泣的画卷……起点虽然相同，但人生充满偶然，每个人又都有自由意志，遇到不同的情况，**

会做出不同的选择，最后，也就会走上完全不同的路。命运的偶然因素，我们难以掌握。我们能做的只能是，在每一次选择时，尽可能选择得更好、更理性。”

“怎么样才能选择得更好、更理性呢？”我问。

“人，与生俱来就有弱点。**在决策时，经常会犯错。不但如此，这些错误还是系统的、有规律的、可以被分析、被预测**。[①] 我们研究低等动物，会发现它们的行为规律，比如，在小猫面前抖动猫草，小猫就会忍不住用爪子去挠它；如果是小狗，当你扔出飞盘，它就会追过去、跳起来、用嘴接住；我们人类有没有同样的行为规律呢？答案是我们也有。如果这个宇宙存在更高智商的生物，就像《三体》世界里那些更高维度的外星人，当他们来观察我们人类的时候，也许就能轻易发现我们的很多行为规律。”说这话的时候，妈妈显得特别遥远，好像站在了很远很远的地方，俯瞰着这个世界。

我还在疑惑着妈妈的神情，只听她继续在说：“如果我们能够掌握人类的这些行为规律，**通过规律，来预测大家的行为，我们就能夺人先机。就算做不到夺人先机，至少也能让自己减少失误，做出更理性的选择**。”

听上去好厉害的样子！我忍不住跟着点头。我感觉，我将要触碰到一把大神器了。我只要拿到它，就能像人生开挂了一样，未来一路披荆斩棘，所向披靡。我急急地追问道：“人类行为，有什么规律呢？”

妈妈回答道：“这就是我最近一直在教你的‘选择的智慧’：

人类经常从自己的角度去推断别人，这就是其中一条错误规律，我教你要学会**换位思考**；

人们经常只看表面，懒得深挖背后一层层的原因，我教你要**多层推**

① 人的决策错误有规律可预测，出自行为经济学家丹尼尔 · 卡尼曼（2002 年诺贝尔经济学奖得主）和阿莫斯 · 特沃斯基。

理，多问几个为什么；

人们经常纠结谁对谁错，我教你要放弃去追究责任，转而去**找解决方案**；

人们经常走极端，不是黑就是白，不是对就是错，不这样就要那样，我告诉你，黑白之间有很多层灰色，要习惯去做妥协，**中庸之道**也许更有效；

我还教了你什么是**心理账户**，人类经常会把一件事情归为某一类，思维就限制在那一类里，做的决定不一定是最佳，试着抽离开想一想，**用全局的眼光，重新审视这件事情**，也许会做出不一样的决定；

还有**参考依赖**，说的是人类喜欢比较，常常忽略事情本身，而只关注与周围其他人或事相比较之后得到的感觉，我们要记得我们有参考依赖这种行为规律，时刻提醒自己，不要被比较的结果所影响，回归到事情本身，看它是不是能满足自己的需要，或者**跳出眼前的两三个选择，多从不同的渠道了解信息**，再做出自己的决定。

我也提醒你在做决定的时候，要考虑机会成本，看看我们**做这件事情要投入的时间、精力和金钱，如果去做别的事情，会有什么样的收益**，比较一下放弃这些收益，划不划算，而不是一味关注沉没成本。”

“你只告诉我‘沉没成本不是成本’，但是‘沉没成本’到底是什么？”我问。

6.2 别为泼掉的牛奶哭泣

“有句谚语，叫作‘别为泼掉的牛奶哭泣’。这泼掉的牛奶就是**沉没成本，指的是‘已经付出，再也收不回来的成本’**。经济学家斯蒂格

利茨[①] 讲过一个例子：你花50元买了电影票。可是，看了半个小时，你觉得这个电影一点都不好看。你会不会立刻站起来，离开电影院呢？”

我想了想，摇头：“呃……我想，我还是会坚持看完的吧。”

妈妈说：“可是，这买电影票的50元，已经付出去了。不管你看，还是不看，都再也收不回来了。这50元，就是沉没成本。想一想，我们继续看下去，会有什么结果？”

“觉得电影很差、非常差。”我答。

“电影很糟糕，让你很不快乐。更重要的是，它还浪费了你的时间。一场电影一般都有两个小时。你至少还要继续在这部电影上浪费一个半小时。这一个半小时，你完全可以用来去做其他更有意义的事情啊！”

“是哦。”我点点头：“可是，我觉得，大多数人都会坚持看完的。”

“是的。所以，这也代表了人类的一种行为规律。因为怕浪费买票钱，而选择继续煎熬下去的现象非常普遍，以至于经济学家专门取了名字——‘**沉没成本谬误**’，用来代表**在某一件事情上，投入了一定成本，当进行到一定程度后，发现不适合继续下去，但是苦于各种原因，还是决定将错就错、苦苦坚持的行为现象**。

“在讲心理账户的原理时，我们提到过理查德·塞勒教授。他举过更有意思的两个例子。他有个朋友，办了一张打网球的年卡。但是，没多久，他的手肘发炎了，只要打球，就痛得要命。不光如此，打球还会恶化他的关节炎。可是，他为了不想浪费已经缴纳的会员费，忍痛打了三个月的网球，直到实在痛得没办法了才放弃。”

“哈哈哈。这人，也太傻了吧。”我忍不住笑起来。

“另外一个例子：你知道，女士们都喜欢买鞋子。那些大牌鞋子都很贵，一双鞋能卖到几千元。有一天，其中一个大牌子的鞋子打特价，

① 约瑟夫·斯蒂格利茨，2001年诺贝尔经济学奖获得者之一。

只要 1000 元，就能买到一双。这么便宜！我于是兴高采烈地买了回家。可是，新鞋子磨脚，第二天才穿了一天，脚后跟都被磨破了皮。那么只好换了旧鞋穿。等过几天，脚好了，又再试过，还是磨脚。就这样，新鞋、旧鞋、新鞋、旧鞋，这么穿了几回，一点都没有好转。这个时候，要不要把鞋子扔掉或者捐给慈善机构呢？”

“鞋子不好穿，肯定扔掉啦。”这样的问题，我们的孩子根本不会纠结。

妈妈笑了笑，说：“那是因为你对‘1000 元到底是多贵’‘需要多少努力，才能挣到 1000 元’没有概念，所以，你才不会纠结。这种经历，很多大人都有。鞋子越贵，摆在自家的鞋柜里时间越长，扔掉或捐掉的时间就越晚。”

我想：不好穿就别穿，有时候，大人就是没有我们孩子看得开。

妈妈继续说：“这里的网球会费和买鞋子的费用，无论你是否继续打网球、是否继续穿鞋子，这些费用都收不回来了，都是沉没成本。如果我们忘记这些沉没成本，像刚刚分析离不离开电影院一样，只考虑未来，结果会怎么样呢？”

“如果不考虑已经给出去的钱，只向前看，那么继续打网球，只会让病痛恶化。继续穿鞋子，只会让脚继续疼，并不会让我们把付出去的钱再收回来。”我答。

妈妈点着头，说道：“没错，**沉没成本再也收不回来了，是过去式，是历史，不应该影响当前的行为或者未来的决策。这就是‘沉没成本不是成本。’**”

6.3　放弃沉没成本，不就半途而废了

我思忖了片刻，又想到另外一个问题：“老师经常跟我们说，做事情一定要坚持。放弃沉没成本，不就是半途而废了？”

妈妈说：“我们做事情，的确要坚持，但同时也要看这坚持值不值得，不能一味蛮干。当我们做事情做到一半，发现不值得，或者比预想得要付出多很多，又或者有更好的选择，怎么办呢？

我曾经教过你：要树立一个明确的大目标，并把大目标切割成一个个可实现的小目标。我们沿着这条通往大目标的路，慢慢攻克下去。[①]

如果现在正在纠结的任务，是完成大目标绕不过的坎儿，那我们思考的不是‘放不放弃’的问题，而是‘也许应该换一种方法’或者‘向他人求助’的问题。

如果不是必经的坎儿，是支线任务，那么，这个时候，我们必须忘记曾经为了这件事情付出了多少时间、精力和金钱，应该衡量：**继续这项活动需要耗费的精力、追加的边际成本，以及能够带来的好处，再综合评定继续此项活动是否会带来正面效用，想一想同样的精力、成本，如果去做其他事情，会有什么好处，多方衡量之后，再决定要不要坚持下去。**思考的焦点放在‘下一步’。

这种思维方式适用于生活的方方面面。

早上被人骂了一句，你会不会一整天都不开心，心情郁郁？花无数的时间，在脑子里，反复回想、生气、沮丧、难过？这个时候，念一句‘沉没成本不是成本’，把这段难过的事情抛诸脑后，好好过接下来的日子。

读大学选了一个专业，学了三年，觉得自己不喜欢，可是自己都已

---

① 参见艾玛·沈的《高财商孩子养成记：人人都能学会的理财故事书》。

经学了三年了，放弃了多可惜啊，于是，继续学下去。因为学了这个专业，所以选择从事相关的工作，即便不喜欢，可是，我已经学了这么多年啊！这个时候，念一句'沉没成本不是成本'，看看眼前的漫漫人生路，你有没有别的更好的选择？

找一个男朋友，处一段时间，发现不合适。或者曾经有感情，后来感情淡了。要不要分手呢？可是，我已经跟他相处那么久了，投入了那么多精力，难道就此分手吗？不甘心啊！于是，拖着拖着，又过了好几年，还是不合适。还有些人更夸张，他们拖着拖着，到了结婚的年龄，被家人一催，就与这个不合适的人结了婚。结果，要么一辈子痛苦，直到麻木，要么就以中途离婚收场。"

我嘿嘿一笑，说道："这个时候，念一句'沉没成本不是成本'，眼前还有漫漫人生路，赶快转向，去找一个更合适的人吧。"

妈妈点点头，继续道："还有一些人，亲人去世，太难过，总想着曾经与那人在一起的快乐时光，一直郁郁寡欢，觉得自己的日子再也过不下去了。这些都是受过去的付出所累。甩掉包袱，往前看，也许就能获得新生。"

"道理听起来很简单，为什么大家总是做不到呢？"我问。

6.4 未选择的路，是不是更好

"有些心理学家认为，不想放弃过去的投入，是因为大家下意识里，不想让别人觉得自己的决策做错了。如果真的买了一张很糟糕的电影票，你中途离场，会让人发现你做了错误的判断，你的内心就会感到'**认知失调**'，会不舒服。但是，你继续留下来的话，也可以从批判电影中得到满足。明知鞋子磨脚，你立刻不穿了，下意识里，你担心人家会嘲笑

你花了昂贵的价钱买了一个糟糕的物品，担心别人觉得你傻。”妈妈说。

“没错儿。我也常常担心别人觉得我很傻。”我心里有点虚。

“经济学家认为**‘凡成本必有付出，凡付出必有期待’**。你付钱买了电影票、买了鞋，就希望得到相应的回报。如果花了钱，却没有带来对等的回报，就会有损失的感觉。而人们是厌恶损失的。根据行为经济学家们的实验数据，**损失带来的痛苦要远远大于盈利带来的喜悦**。童话《小王子》里有一段经典名言：正因为你为你的玫瑰花花费了时间，你的玫瑰花才如此重要。人们在自己的物品中投入了情感，一旦损失，这种痛苦的感觉就会在头脑中萦绕不去。这是人类另一个重要的认知行为规律——**‘损失厌恶’**。”

“难怪每次你扔我玩具的时候，我都很痛苦。下次，就别再扔我的东西了吧。”妈妈很喜欢扔东西。家里一乱、杂物一多，她就喜欢扔，我和爸爸都为此痛苦不已。

妈妈没有搭我的话，叹了口气，不再言语。我以为这次课程到此为止的时候，突然听到她有些闷闷的声音：“说起来容易，做起来难啊。没有人有预知未来的能力。存在太多不可控的因素了。**有时候，坚持一下，也许就能打破原来的僵局，沉没成本就不再是沉没成本了。什么时候要不破不立、壮士断腕、主动寻求突破？什么时候要坚持熬下去？**事后孔明容易，在当事人看来，如何抉择却千难万难啊！”

“啊？”我傻眼了。到底是要坚持，还是要放弃啊？不是“沉没成本不是成本”吗？

我拽了拽妈妈的手臂，急切地问道：“到底应该怎么选择呢？妈妈，你倒是给我一个明确的答案呀！”

妈妈又叹了口气，摸摸我的头：“到底要怎么做，还是你自己去体会吧。等你生活的历练多了，经过的事情多了，你就会模模糊糊触摸到这个度的。”

什么意思？我还是不明白。

我迷茫地盯着妈妈。妈妈也看着我，表情很认真严肃：“记住：**做决策要慎重，要考虑多种可能和机会成本，不要脑子一热就决定了。但是不管你的选择是什么，只要做了决定，不管结果如何，就会成为无法挽回的既定事实，后悔没有意义，往前走，见招拆招，努力走下去。**”

那天夜里，妈妈递给我一张纸，纸上有一首诗，如图 6-2 所示：

未选择的路

[美]罗伯特·弗罗斯特

黄色的树林里分出两条路，
可惜我不能同时去涉足，
我在那路口久久伫立，
我向着一条路极目望去，
直到它消失在丛林深处。

但我却选了另外一条路，
它荒草萋萋，十分幽寂，
显得更诱人，更美丽；
尽管在这条小路上，
很少留下旅人的足迹。

那天清晨落叶满地，
两条路都未经脚步踩踏。
哦！另一条路，就等改日再见吧！
明知道道路延绵无尽头，
恐怕我难以再回返。

也许许多年后，在某个地方，
我将轻声叹息把往事回顾：
林子里有两条路，而我——
选择了人迹稀少的那一条，
我的人生从此不同。

艾玛·沈 手书

图 6-2　诗歌《未选择的路》[①]

这首诗很美。我依稀明白它的意思。我们每个人就像能量穿梭机里的圆球，选了一条岔路，人生就从此改变了。回不去，只能继续走下去。是好？是坏？没有人知道。既然选了，就不要后悔，一路向前就是了。不过，我已经开始学习选择的智慧了。相信未来，我一定会比同龄人选得更好。

……

我跺了跺脚。到底是冬天了，虽然有阳光，站久了，脚还是有些凉的。

话说，我已经等了十几分钟了，怎么巴士还没有来呢？我要不要继续等，还是改去打车？可是，我已经等

① 出自美国诗人罗伯特·弗罗斯特的著名诗集《Mountain Interval》。

了十几分钟了呀，万一我一走，它就来呢？

咦？过去的十几分钟是沉没成本呀！沉没成本不是成本，那我到底要不要继续等呢？我看着远处，搜索着巴士的踪影，一直犹豫不决……

本章练习

找一找身边被沉没成本影响的例子：衣柜里有没有几乎没穿过的衣服？学钢琴，只是因为买了台钢琴？吃自助餐，为了吃够本儿，要把自己吃撑？想一想，如果不考虑沉没成本，你会如何选择？

第7章 要想记得牢，试一试沉浸式体验

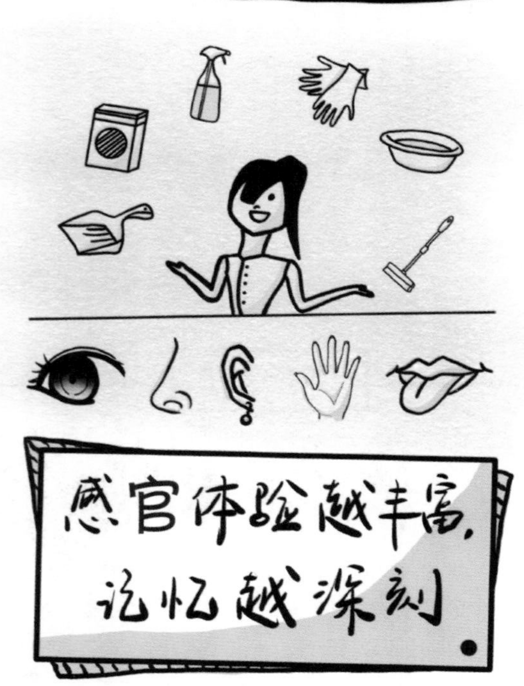

视觉笔记“沉浸式体验”

在我犹豫不决中，巴士终于出现了。所以，到底什么时候应该坚持，什么时候应该放弃？我还是搞不明白。希望未来能给我答案。

到了约定地点，大家都已经在了。我们纷纷拿出准备的探访礼品。

阿东扬了扬手里的食物罐头："这次我买的可是素斋罐头。这种罗汉斋可好吃了，不用煮，打开就能吃。"

琪琪准备的也是食物罐头："我妈说，罐头可以摆得久一点。这个是汤，热一下就能吃，不费劲的。"

便利店姐姐拿了条围巾出来："我想着，这天气有些冷了，围巾比较实用。"

义工哥哥居然拿出了一个小的收音机："听你们说，她经常在外面一坐，就是一下午。收音机小小的，可以随身带着解解闷。"

就剩我了，大家都看向我。

我从书包里掏出一个大红包，自豪地说："我准备的就是钱。我妈说，她爱买什么就能买什么。"

便利店姐姐率先笑了出来："实用是实用。可是，红包只有长辈给晚辈。你一个小屁孩儿，给阿婆发红包。这也太奇怪了吧。"

哼。我骄傲地仰起下巴。我可是妈妈理念的坚定追随者："只有是阿婆真正需要的，才是最好的。也只有阿婆自己才知道她最想要什么。至于红包能不能小辈送给晚辈，这只是个形式。"

大家的表情颇有些不以为然，显然并没有被我说服。

7.1 来点实际的

我们一起上楼。很快，电梯门开了。还是那一条暗幽幽的走廊。义工哥哥熟门熟路地带我们过去敲门。因为来之前已经通过电话，门很快就打开了。

时隔半个月，阿婆的样子，比上次晕倒时还要苍老。因为在室内，她脱了大衣，身体显得格外瘦小。房间里，倒是没了一扎扎的纸皮，不过，还是乱得很。可能是因为这些天阿婆一直在养病，没时间收拾。

阿婆见来了不少人，又哆哆嗦嗦拿出来几张折凳，自己则坐在了床沿上。

递上礼物之后，我们继续由义工哥哥打前站。义工哥哥说："阿婆，现在身体好些了没？"

"在医院住了两天就出来了。就是身体弱，天气变了，适应不过来。"阿婆的声音还是很浑浊，似乎喉咙里总含着些什么。不知是不是这么多年来饱经风霜，她的表情也总是淡淡的，看不出喜怒。我本来涌动着的热情的心，也不觉也淡了下来。

义工哥哥指着我和便利店姐姐说："就是他们俩，那天帮你叫的救护车。"

"哦！真是谢谢你们了！救了我一命。"阿婆边说边站起了身。便利店姐姐也忙站起来："阿婆快坐下，身子弱，要多休息。"我便也跟着站起来客套了一番。

便利店姐姐左右瞧了瞧，突然建议道："我们来了这么多人，也没什么事儿。要不，帮您收拾一下屋子吧？也好让你多休息，别累着了。"

这个提议太好了，我们正手足无措着呢。

琪琪眼尖抢了把扫帚，我转身去找抹布，阿东慢了一拍，一时不知道做什么，在屋里团团转。便利店姐姐便自觉做了主事，安排义工哥哥帮忙换厨房里坏了的灯泡，让阿东归整剩下的纸皮，她自己则帮忙做一些零散的归类整理。

我拿着抹布开始左擦擦、右擦擦。擦桌子的时候，我发现桌上的玻璃层下夹着一些老照片，我忍不住仔细看起来。这些照片的年代都有些久远了，有些是纯黑白色的，有些是暗红色的，不少褪了颜色。

其中有一张老照片，里面有一位穿着红色长裙的年轻女子摆出拉丁舞的姿势，朝着我微笑。我觉得她的样子很熟悉，仿佛在哪儿见过，正仔细打量着，听到头顶响起便利店小姐姐的声音："奶奶，你年轻时候好洋气啊！"

我抬头一看，原来她和琪琪都围过来一起看照片了。

难怪我觉得熟悉呢，原来照片里的女子就是阿婆年轻时候。

"都是很多很多年以前啦。"阿婆也走了过来，坐在桌边，指着照片一张张讲起来："我年轻时候在手表厂上班，我每天要在这个机器旁工作。零件那么小，看着看着，眼就花啦。"

7.2　记忆深刻的一幕

我在一张暗红色的照片里找到了 ××× 的钟楼，四周的建筑跟现在已经很不一样。"这里是不是那个钟接呀？"我问。

"是啊。那时候，我们几个好朋友，天天在一起。那时候，只有星期天不用上班，我们几个人一到周日就四处乱逛。总想着，要是能不用上班就好了，可以天天玩。"阿婆的声音里第一次带了些暖暖的温度。

“你那些朋友们呢？”琪琪问。

阿婆深深地叹了口气：“后来，工厂都搬去了其他地方。我们就分开了。”

“没有再联系了吗？”我问。

“一开始还有联系，后来大家都结了婚，生了孩子，各忙各的。一个跟着先生移民去了欧洲，一个得了病，早早地去了。还有的……”阿婆又叹了口气，不再说下去了。

“这是你的孩子吗？”阿东也挤过来，指着一张照片问。照片里，阿婆还很年轻，穿着收腰的及膝长裙，手里牵着一个女孩儿。

阿婆不说话，只是在照片上方的玻璃上慢慢抚摸。我扯扯阿东的袖子，让他别乱说话，万一扯出阿婆的伤心事，不知怎么收场可不好。

“奶奶，你晚上吃什么呀？”便利店姐姐把话题转开了去。

“一个人，就只能随便吃吃了。买一斤肉都要吃几天。”说完，兀自盯着照片沉默起来。

我想了许久也没想出什么话题，正打算转身去其他地方清洁，忽听阿婆说：**“孩子们呀！年轻时候，千万不要跟我一样，只顾着玩。玩一个礼拜可以，可是玩一个月、一年，一直这么玩下去，等老了，日子就不好过咯。”**

这个道理，家人也常讲。我基本就当念经，很难听得入耳，更别提上心了。奇怪的是，就这一次，往后余生，我只要贪玩过分了些，就会想起这个画面：那一刻，我正要转身，身体已经转了一半，头却刚好面向阿婆。只见金黄的夕阳从厨房的窗户中透出，打在她背上。她头发灰白凌乱，背部弓起，侧脸因背光，更为灰暗憔悴。深色的衣服皱皱的，起着毛边。四周因为前一刻的沉默而特别安静。她的声音幽幽的，尽管浑浊，每一个字却听得清楚。

不知道别人是什么反应，我当时一定是傻傻地站着，看着这一幕发愣。

“我回来啦！”义工哥哥下楼去买灯泡了，他的声音打破了这奇怪的沉默。义工哥哥不仅带回来了灯泡，还给阿婆买了便当。今晚，阿婆的晚餐不用再凑合了。之后，我们又忙了一阵。待到夜幕降临，才告别离开。

临走时，阿婆从柜子里拿出很多食物罐头给我们，我们都没有收。那一刻，阿东和琪琪的表情可真逗。不知道阿婆喜不喜欢他们俩精心挑选的罐头。我内心小得意了一下：都说送钱最实用了，偏他们不信。

7.3　沉浸式体验

因为家里有爸妈帮忙，我在家从来不做家务，换下的衣服也就随意一扔。第一次帮人打扫卫生，我的干劲可足了。今天这次探访和半年前的走过场大不相同，我们真的干了不少实事儿。临出门，斜对面上次探访过的老爷爷还撩开铁栅栏上的布帘子往外瞅了瞅。他一定很好奇，我们这次怎么没有去他家。

和其他几人分手的时候，我特别不舍，希望这样的活动能多几次才好。我想，琪琪和阿东也是一样的感受，用现下流行的话来说，就是“确认过了眼神，我们是一类人”。我们还拉了一个微信群，阿东把群命名为“慈善小分队”。我们这个小组就这么成立了！

回到家，我这股子兴奋劲儿还没过去，逮着妈妈滔滔不绝地讲起今天下午的经历来。妈妈看我的眼神都与以往不同了，像是在看一个大孩子。

讲到黄昏时那印象深刻的一幕，我不由困惑道：“不知道为什么，那一刻，我感觉怪怪的。时间特别慢。阿婆的话也特别清楚，就像……”

我沉吟了片刻，想找一个合适的词："嗯。像'咒语'一样。可是，那些话都是你们常说的，不过就是劝我们不要贪玩、好好学习之类，一点都不稀奇。"

"通常，**我们学习知识和经验会通过两种途径：一种比较抽象和平面，人们把生活经验先总结出来，成为一些训条，通过语言、文字或符号传授给学习者；另外一种方式，被称为'沉浸式'学习，学习者通过亲身体验或参与其中，进行观察、思考、自我反省和再创造，就会更深刻、令人难以忘怀**。"

"你是说，我这是在沉浸式学习？"我问。

"从你第一次去阿婆家探访开始，你就进入了她的生活，知道她生活局促。等你遇到她昏倒入院，对她生活的艰辛程度感受又再深了一层。你们在她家打扫了一下午，周围陈旧的环境、逼仄的空间，甚至衣物透出来的气味，都在刺激着你的感官，深深刻在你的脑海里。当她说出后悔之言时，便让你印象深刻。"

"哦！原来是这样。"我说。

"有一家'雨林咖啡厅'，人们走进去，就有水雾从岩石后面升起，皮肤接触到水雾就会感到凉丝丝的、柔柔软软的；会听到吱吱的声音，像是蛇虫在树叶上爬过；还能闻到热蒸蒸的热带气息，尝到新鲜的蔬果，令人难以忘怀。**这种体验涉及的感官越多，就越能让人沉浸其中，越能打动人心。**"

太有意思了，要是我们这里也有就好了。我好想去试一试。

妈妈接着说："**传统经济学认为，消费者是理性的，他们会理性地选择性价比更高的物品，因此，传统企业主要注重产品的功能是否强大、外形是否美观、价格是否有优势**。现实生活中，我们越来越发现，消费者更多的是感性的。于是，**商家开始以产品为道具，营造互动式体验，**

满足消费者追求感性和情境的诉求，举办值得反复回忆的活动，形成思维认同，从而改变消费行为。”

“太复杂了，听不懂。举个例子？”

“比如，你从小喜欢逛的宜家家私，就是体验式营销的代表。宜家特别接地气，宜家就根据城市里常见的房型设计了各种风格的样板房。大家可以在里面坐一坐、躺一躺、打开衣柜和抽屉、玩一玩里面的玩具。我们常常会在里面感叹：‘哇！原来家具可以这么放。’消费者身入真实的空间去体验产品，这些产品只是其中的道具。灯光、色彩、配套的家私和氛围是一个整体。而不像传统家具店，你只能通过翻看产品销售册或者目测堆在一起的家具来做决定。”

我点点头：“是呀。每次去宜家家私，都特别开心，不想走。每个房型都那么好看。总是想，要是我们家也这么漂亮就好了。”

妈妈说：“这就是营造了值得反复回忆的场景，与消费者产生情感上的认同。以后人家只要想买家具，就会去宜家。”

“哦！原来是这样。”

“同理，**想要别人更快接受你的观点，或者更配合地与你共事，如果光靠言语，收效不大，你可以试着加入其他感官元素**。比如，为希望工程捐款的募捐广告上是一张‘我要读书’的黑白照片，照片上小女孩手握铅笔、两只圆圆的大眼睛盯着看广告的你，充满对知识的渴望。很多人就因为这张照片而做出了捐款的决定。

“有一次，我参加 ××× 慈善机构活动展，有个展台就让参观者亲自带着米油等生活物资走进一间狭小的模拟屋子里。屋里跟真实的环境很像，灯光昏黄，有破旧的桌子、泛黄的床铺，墙上还有一包包的药丸、地上是凌乱的报纸，你还能闻到跌打药酒的气味，播放着一些嘈杂的声音。还有一个由义工扮演的患者斜坐在床铺边不停地咳嗽。参观人受到

这氛围感染，内心就容易受到触动。这种方式，就比光喊口号或派宣传单张来募捐，更容易筹集到捐款帮助那些有需要的人。”

环境、声音、光线、味道……多感官刺激，让人沉浸进去，体验那种生活，就更容易受触动，印象更加深刻。我点点头，我明白啦！

本章练习

你还能举出其他的沉浸式体验吗？

第8章 操场上的约定，会赢，还是会输

约定

E.J

适应性：

时间久了，无论好事、坏事，都会适应了。

视觉笔记“适应性”

校园的角落，靠着操场的外围，有一棵大树。这大树枝叶浓密，像一把大伞，亭亭如华盖，遮蔽着树下的众人，自成一片空间。大树在离地一米左右的地方分成两个大枝丫，分叉处就像一张吊床。这是我和我的小伙伴们经常碰面聊天的地方。有时，我会一个人在那里发发呆，或者和朋友们在树荫下聊天。这一天，我们又齐聚在那里。

"你们不知道，昨天下午我们干了多少活儿！阿婆家里本来一团乱糟糟的。这里堆一块，那边推一摊，全是杂物。等我们收拾完，那是一个井然有序、窗明几净、一尘不染……"琪琪手舞足蹈地描绘着昨天下午的一切。秋风抚动着她的衣襟，给她平添了些风采。

我看着围在一起的众人。这个秋天，我们几个小伙伴一同踏入了中学，每个人都有很多变化。

如今的家豪，又瘦又高，正坐在大树的分叉上，晃着两只脚。他不再像以前那么跳脱，除了在我们几个亲近的朋友面前依然如故，对着其他人就换成了一副高冷的面孔，常常扮酷不说话。

和家豪的高挑纤瘦不同，阿东皮肤黑实，个子不高，壮壮的，有着结实硬朗的感觉。不熟悉他的人，觉得他憨憨的。其实，和他接触久了，非常有趣，完全是另一个人。之前他的理想是当消防员，妈妈说，这个理想也不错。行行出状元，关键是要坚持为之努力。

嘉恩不再追韩星了，改追小说。哈利·波特全集、金庸小说全集，她都看了个遍。因为用眼太频繁，近视加深了很多。从侧面看她那厚厚的眼镜片，可以看到一层层的圈圈儿。

琪琪这几年突然长得很高，比我们都高。瘦瘦的个儿，却有着美妙的曲线。她的声音清脆明亮，大家都盯着她看。我下意识地瞄了一下自己略显扁平的身体，鼻子间莫名冒出一丝淡淡的酸意。我又瞟了一眼日趋圆润，却还在嚼薯片的阿媛，那一丝情绪又迅速散开了。

8.1　操场上的约定

“阿婆真惨！咱们一定要继续帮她下去。咱们可是‘慈善小分队’，对不对？”琪琪突然推了我一下，把我从愣神中唤了回来。

“帮，肯定是要继续帮的。但是，阿婆到底惨不惨，就未必了。”小学五年级开始，我跟妈妈学理财①。 之后，只要我在同学们面前显摆妈妈教的知识，我立刻就能成为全场的焦点。屡试不爽。于是，我又开始洋洋洒洒地讲起课来。

我跟他们介绍什么是“**参考依赖**”。阿婆到底是幸福还是不幸福，关键要看她把自己跟谁比。我还跟他们讲了下一次跟爸妈报告成绩时，我计划预先给爸妈提供一个低的参考点。果然，大家听得入神。不仅如此，通过这么讲述，我自己也对这个知识点掌握得更好了。

可是，琪琪居然摇头反对。她说：“我还是觉得阿婆很惨。不管你选什么参考点。”

我有些生气，却一时想不出怎么反驳。

阿东提了个建议：“要不咱们下次直接去问阿婆？去问问她自己到底幸不幸福？”

① 参见艾玛·沈的《高财商孩子养成记：人人都能学会的理财故事书》。

“好主意！咱们就来打个赌！我打阿婆觉得自己很惨！”琪琪挑衅地朝着我扬了扬下巴。

我内心不确定。妈妈可没有说阿婆一定很幸福。她当时说的是：要看阿婆自己选择与谁比较，才能知道她幸不幸福。可是，看着琪琪挑衅的目光，我只能咬牙道：“好呀！我打阿婆觉得自己幸福。”

“你妈妈虽然很有道理，但我还是觉得阿婆很惨。”家豪第一个表明了立场。其他人阿东、嘉恩和家豪一起站到了琪琪那一边。

最后只剩下阿媛。我可怜兮兮地看向她。只见她嚼完最后一片薯片，拍了拍手上的碎屑，耸耸肩说：“既然没有人支持你，我就支持你。”好吧！她也不认为阿婆感到幸福，只是纯粹支持我，我有些沮丧。

琪琪志在必得，追问道：“打赌自然要有赌注。咱们的赌注是什么？”

我看了看其他几人，他们都是一脸看好戏的表情。我自有我的骄傲，咱们输人可以，但不能输阵。于是，我昂着脖子，道：“随便你赌什么……”

琪琪思忖了片刻，说：“我一时想不出来，明天再告诉你。”

8.2 下战书——举办慈善活动

本来以为今天就这么结束了。之前一直在吃薯片，没怎么搭话的阿媛，突然说道：“其实，你们说的事情，有什么值得吹嘘的？不过就是去帮人家打扫了半天罢了。多大的事儿啊！有本事就办一场大的慈善活动。”

琪琪正开心着，被阿媛堵了这么一句，顿时不悦起来。她瞪着琪琪，又一时不知道怎么反驳，只能瞟了瞟家豪。这样子是想找家豪帮腔了。

果然，只见家豪挑挑眉，说：“办场大活动，就办呗。咱们常识课不是要做年度专题项目么！咱们就选这个题材——做个慈善项目。”

“好！就这么说定了！”琪琪仰起下巴，对阿媛也下了一道挑战书：“你有本事也办一场，咱们比一比。”

“谁怕谁啊？”阿媛一口应承了下来：“专题组刚好三人一组。你们三个继续，我跟家豪、嘉恩一组。看咱们哪一组筹到的款更多！”

我、阿东和嘉恩，你看看我、我看看你。就她们俩对话的片刻，我们三人的年度专题功课就这么被定下来了？尤其是我，刚刚还是琪琪的对立面，现在又跟她成了一组，心里觉得怪怪的。不过，这件事挺有意思的，不是吗？好吧，就这么决定啦！

想到，就去做。我们马上摩拳擦掌，分头讨论起来。可是，“战书”下得容易，具体又要怎么做呢？

阿东先开始泄气了：“筹款？要怎么筹？我们才刚上中学，要钱没钱，要经验没经验，要门路没门路。客串一下，来一次探访还行，要办个大型的，怎么可能？”

事情是琪琪最先提起来的，她只好硬着头皮说：“在咱们小学时候，学校不是组织过慈善筹款活动吗？我们要不也去找一家非营利机构筹款？”

“我们才三个人，在非营利机构筹款能筹得多少钱？”我摇头反对。

琪琪转了转漆黑的眼珠，又冒出了个新主意：“学校还组织过物品义卖。我们回去找找家里不要的东西，看能卖多少？”

“还是卖不出多少钱啊！还不一定能找的到人买呢。”我想了想，又摇摇头。

阿东也表示反对：“这两个方法都太普通了，阿媛她们也能想到。”

琪琪向我们挤挤眼，压低声音道："嘻嘻！家豪在她们组，到时候，我去打听打听。"

到底要怎么做呢？我们三个抓耳挠腮了好一阵子，都没有丝毫头绪。天渐渐暗了下来，该回家了。我也迫不及待地想回家搬救兵找妈妈。于是，我便说："咱们先别急着定方案，都先回家仔细想想，跟爸妈也商量商量，他们毕竟见多识广，会有一些好建议的。"

阿东点点头："我也发微信问问义工哥哥，他经常做义工，说不定有什么好主意。"

"也可以问问便利店姐姐，她看上去很有主意。"琪琪也建议说。

我们便分头回家了。

8.3　行为经济学中的适应性

晚餐的时候，我告诉了爸妈我们的约定。我问爸妈："觉得阿婆到底是幸福，还是不幸福呢？"

"我也觉得她很惨。"爸爸撇撇嘴，一点都没有要照顾我感受的意思。

我看向妈妈，心里特别担心她也持相反的意见。只见，她沉吟了许久，才慢慢说："我觉得，大家对阿婆的感受都太悲观了。"

什么意思？这是支持我，还是反对我？我反复琢磨了两遍，还是不太确定："妈妈，你是同意我的选择，认为阿婆是幸福的？"

妈妈摇了摇头，解释道："我不认为阿婆有你们想的那么惨。比较大的概率是她处于幸福感的平均数。"

"幸福感的平均数？什么意思？"我有点懵。

“如果 1 分是非常不幸福——就是你们说的‘很惨’，5 分是非常幸福。给出 1、2、3、4、5 这五个数字让阿婆自己打分的话，我猜，阿婆最有可能会选中间值——3 分。”妈妈笑眯眯地说。

“为什么？”我问。其实，要不是当时我骑虎难下，一定要选琪琪的对立面，我内心也不认为阿婆真的会感到幸福。不过，妈妈的话里，似乎另有玄机。

“首先，我们人自古以来，都讲究**中庸之道**，不怎么喜欢走极端。所以，在 1–5 的量表中，选 2、3、4 的概率比较高。”妈妈说。

“那为什么说是 3 呢？”我问。

“行为经济学中有一个概念叫‘**适应性**’。意思是，**随着时间的推移，一个人对某件事情会慢慢习惯。好东西用久了，会习惯；坏东西用久了，也会习惯**。”妈妈说。

听上去很熟悉，似乎有个概念讲的正是这个意思？我皱着眉头想着。

“不就是‘**边际收益递减**’吗？”爸爸说。

对！就是这个“边际收益递减”。妈妈曾经教过我，“边际收益递减”说的是：新玩具带来的欢乐会一天比一天少。

妈妈点头：“对。两个概念差不多，只是侧重点不同。‘边际收益递减’强调的是收益越来越少，‘适应性’强调的是适应。”

听上去没有什么不同啊？我抓抓头。

妈妈继续说道：“举个最简单的例子：我们去游泳，泳池水冷，刚入水的时候，会觉得很难受。但是，没过多久，你在水里就不会再觉得冷了。”

我点头应和，我喜欢游泳，这个我体会很深刻。

爸爸也说：“这样的例子很多啊。从明亮的地方去黑暗的场所，一开始完全看不见，很快等眼睛适应了，我们就能辨认出很多物体的轮廓了。”

嗯嗯。这个也是。我继续点头。

“我们常常以为有钱人的生活一定很棒！”妈妈说。

我狐疑地问：“难道不棒吗？”

“就是因为这‘适应性’或者‘边际收益递减’，有钱久了，他们习惯了奢侈的生活，就不会因为奢侈而感到幸福了，他们适应了。我们常常以为升职加薪、换好车、搬进更大的房子，能让我们非常快乐。事实上，这种快乐只能维持一段时间，用不了多久，我们的快乐程度就会回归到原来的水平。”妈妈说：“好的事情如此，糟糕的事情也一样。**除非会带来极端的、不可忍受的痛苦，大多数令人不快的事情，时间久了，也就适应了，变得习以为常，不再觉得痛苦难忍了。**”

“你是说阿婆习惯了她的小房间、她的生活，所以，也不会觉得很痛苦了，是吗？”我问。

“至少不会像你们以为的那么痛苦。”妈妈说：“**我们常常高估了很多事情对我们心情的影响，低估了我们对环境的适应能力。**尤其是对物质方面的东西，适应性特别强。很多南方人，去到寒冷的北方，很快就能适应下来；一些怕血的学生，读了医学院，也都成了出色的外科医生；还有刚刚失恋的年轻人，觉得少了另一半，未来生活再无乐趣，很快也会与新人出双入对。‘时间能改变一切’，这句话背后就是这个原理。”

“时间真的能改变一切吗？”我问。

妈妈耸耸肩：“基本上都能改变。不过，物质条件带来的感受很容易适应；相对而言，精神方面的感受，就不那么容易被消磨掉了。”

我不明白，追问道：“精神方面的感受？”

“比如，你喜欢画画，画画这个行为带给你的愉悦感受，不会因为适应了，而没有了。每一次画画，你都能享受到画画的快乐。类似的如听音乐、做手工等兴趣爱好，或者和好朋友聊天，等等。”妈妈顿了顿，又补充道，“当然，我上次也教过你，幸不幸福跟选择的参考点的高低有关。如果你**常常与参考点比较**，还是会有很大的情绪波动的。又或者你的情况**经常变化**，经常从大房子搬去小房子，又从小房子搬回大房子，这种来来回回折腾，那么你的适应性也不容易建立。”

“谁会经常搬家啊？”我笑道。

妈妈也笑了起来：“另外一个例子应该更有说服力。假设咱们隔壁邻居家正在装修。刚开始，钻墙的声音非常刺耳。但是，如果一直在响，我们很快就能适应了，可以照样做功课、看书。大脑会把这稳定的噪声当成背景音乐。但是，如果它一会儿响，一会儿不响的时候，你就会坐立不安，老想着‘什么时候它会再响一下啊？’这就是不断变化让适应性难以建立的例子。根据这个原理，咱们的警报声，就设计成了长短不一的声音，这样就更能引起大家的注意了。”

“我也想到一个例子。”爸爸古怪地朝我一笑，我顿觉不妙，只听他说：“如果你上次考试考得不好，我们很生气。那是因为你之前考得很好。如果一直考不好，我们也就会习惯了。”说完，他还朝我挤挤眼。

爸爸又说：“我还听说过一个故事。”

“从前有个乞丐在街边乞讨。大善人每次路过都给他 5 元。有一天，大善人匆匆走过，却没有给他钱。那乞丐一把拽住大善人的裤子，大声质问他：‘你为什么不给我钱？’”

哈？还有这么讨厌的乞丐？！我瞪大了双眼。

妈妈接着说：“之前有句古话，叫‘救急不救穷’，背后的原理也

是如此。朋友突然出了急事，手头一时凑不过来，找你借钱，可以借。但是，如果一户人家长期穷困潦倒，你就不能因为可怜对方，就一直接济。因为对方很快就会适应了你的接济。如果有一天你不接济他们了，反而会遭到他们的记恨。那个乞丐就是这样。”

哦！原来如此。看来也不能盲目接济。不管如何，至少阿婆的幸福感不会像我们预想的那么差。说不定，我还能赢呢。突然，我想到了一个好主意。

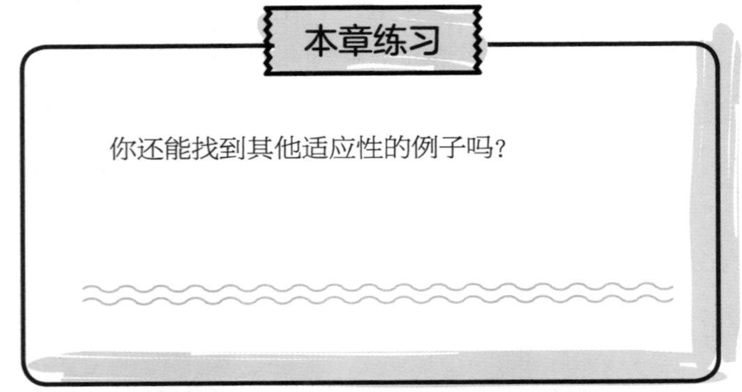

第9章 你以为你知道，其实你不知道

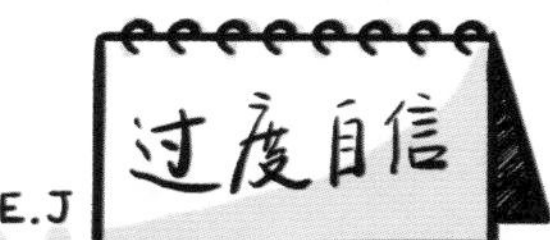

人们对自己的能力判断超过了自己的实际水平

问：在家里承担了多少家务？

视觉笔记“过度自信”

第二天，我在学校一遇到琪琪，她就跟我说："我想到什么赌注了。"

我不等她说完，就抢先道："我也有个主意。"

琪琪挑了挑眉，说："那你先说。"

我环顾四周，找到昨天下午的那几个小伙伴，招呼他们一起围过来。等他们都站定了，我把昨晚上准备了一晚的说辞，都讲了出来："到底是很惨还是很幸福，都是感觉，不具体，没有一个清晰的标准。我有个建议，不如我们让阿婆来打分。1、2、3、4、5，五个数字，1代表非常惨，2代表有点惨，3代表一般，4代表很幸福，5代表非常幸福。如果她选了3，咱们就打平；如果她选的是4或5，那就代表她觉得自己是幸福的，我就赢了。如果她选的是1或2，就是琪琪赢，怎么样？"

根据妈妈的推测，阿婆很大概率会选择3，那么至少我不会输。

琪琪完全没有意识到这可能是一个圈套，不假思索地点了点头，说："的确，这样的标准，更加简单直接。好！就这么办吧！"

其他人也都点点头，觉得这个方法不错。

9.1 方案的雏形

"好！就这么说定啦！"我在心中偷偷乐了好一会儿，才继续问琪琪："轮到你了，你的赌注是什么？"

"我们的本意都是要帮阿婆。所以，到时候谁输了，谁就帮阿婆去卖纸皮。"琪琪得意地瞟着我和阿媛，她肯定觉得我们必输无疑。

阿媛皱着眉看向我，一脸不乐意。昨天她为了支持我，选择站在了我一边，但是，如今想到有可能要去帮着卖脏脏的纸皮，她的心里不知有没有后悔。

“没问题。”我朝阿媛挤挤眼，让她安心。到时候她就会知道了，一点危险都没有。大不了就是打个平手。

“好！就这么说定了。”琪琪开心地举起双手，想跟我们击掌确定。

我便爽快地拍了拍她的手。阿媛没有伸出手来，只是歪着头，反问琪琪道：“幸不幸福的赌约，你们已经定了下来。那么，咱们的赌约呢？既然是搞一场大活动，赌注也小不了吧？”

“这个我也想了。”琪琪嘿嘿一笑，继续说：“输的一方，把筹到的钱，都给赢的一方。”

阿媛想了想，又看了看她的队友家豪和嘉恩。家豪耸耸肩，嘉恩撇撇嘴，大家都无异议。我和阿东也互看了一眼，表示没意见。

还未等阿媛表态，琪琪已经继续说开了：“我们组打算为阿婆筹款，你们组是要帮谁筹款呢？”

嘉恩笑着接口道：“我们打算为山区的小朋友筹款，给他们捐我们不用的……”

阿媛扯了扯嘉恩的手臂，打断她继续剧透：“对的。我们打算为山区小朋友们筹款。你说的赌注，我们也同意，我们替山区的小朋友们，提前谢谢你们帮忙筹款哈！”

阿东抓抓头，问：“我们不是帮阿婆筹款吗？为什么是山区的小朋友来谢我们？”

琪琪看了一眼阿东，转头问阿媛：“你就那么有信心你们会赢？说不定是我们帮阿婆谢你们呢。”

阿东这才恍然大悟，刚“哦”了一声，就被琪琪扯着衣袖给拉走了。

“快来！”琪琪一边走，一边回头招呼我，我便也跟了过去。

等我们离开了其他三人，找了一个角落，立刻就商量起来。可见，琪琪虽然嘴硬，心里应该也是没底的。

琪琪问：“你们昨晚想了没有？有没有好主意？”

阿东整理了一下被琪琪扯歪的衣袖，回答说：“昨晚上，我跟义工哥哥讲了咱们的计划。他说，前天，咱们才去的阿婆家，马上再去，有点太频密了。我们可以等到农历新年前，再去一次。那么，我们还剩下两个多月的准备时间。”

琪琪语气有些急躁，打断他：“我说的是咱们跟阿媛的那个大计划。”

“两个可以一起呀。”我建议：“咱们的常识课年度专题项目也要到期末考试前才交，算一算，也是差不多是那个时候呢。”

阿东点头称是，说：“义工哥哥建议，咱们可以举办一场表演筹款，或者参加年宵摊位。只是，参加举办的年宵摊位要投标申请，不一定能够抽签抽中，而且摊位的租金也很贵。”

“年宵摊位？这倒是个特别的主意。”我思忖了片刻，说：“摊位的租金太贵的话……我们可以自己来举办一场年宵活动啊，只要能找到免费的场地。”

琪琪和阿东异口同声地问：“自己来举办？”

我一边脑子急转，一边解释说：“我们可以说服校长，把学校操场免费提供给我们用，反正周末都是空着的，我们也是为了做常识课功课，还是为了做慈善。如果学校答应了，我们就可以参照年宵市场的模式，也举办一场我们自己的年宵。每个班有一个摊位。我们可以举行最有创意摊位的比赛，或者筹款最多的摊位能拿到一个大奖。我们把所有年宵

市场的盈利都捐给阿婆，或者，捐给阿婆这样的老人家。”

“对对对！”琪琪拍手叫好，兴奋地说道：“我们还可以在学校礼堂举办一场拍卖会。事先让家长们捐一些特别的东西，供我们竞拍。”

阿东也建议道：“也可以摆几个游戏摊位。”他可是游戏专家。

我说：“还有小吃摊位。邀请学生带食物来。”

琪琪的脸红扑扑的，说话的语速也越来越快起来：“我们可以要求大家穿上统一的服装。嗯。农历新年，自然就是多姿多彩服装日。”

我举手大喊：“还可以请咱们学校的几个乐队，在不同角落里演出。”

“嘘！嘘！”阿东提醒我要控制音量，免得被隔壁小组偷听了消息去。

我转头看了看四周。果然，已经有一些同学正在好奇地看过来。我急忙压低了声音。

大家越说越兴奋，点子一个接一个往外冒。隔了好一会儿，我们才平静下来。沉默了几秒后，似乎再也没有新点子产生了，我们三个都深深地呼出一口气，瘫倒在椅子上。似乎刚刚那一会儿，已经用尽了我们全身的力气。

隔了片刻，阿东打破了沉默，问道：“可是，校长会同意嘛？这个事情，可不小呢！要所有班级都愿意配合我们呢。就咱们三个人，能行嘛？”

“是啊！”兴奋劲儿过了，想到可能遇到的重重困难，琪琪整个人都耷拉了下来。

我语气里也满是不确定起来：“我们是在做学校的专题活动作业，也是为了做慈善，学校应该会支持的吧？”

还是琪琪最先振作起来，她一直都比我们更加乐观。她说：“不管

如何，先试一试吧。试过，才知道行不行。”

我也点点头：“对！兵来将挡，水来土掩。”

之后我们分了工，各自负责去想方案的一部分。又约了周日来我家进一步讨论细节，这才散了去。

9.2　系统一和系统二

回到家，我跟爸妈说起这个想法。他们都觉得好。连平日里颇为严苛的爸爸，也点头认同，他还交代我：“你们要把细节都想好了，写成漂亮的PPT方案，再去找校长。你们想的越周到，校长采纳的机会也就越大。”

能同时被爸爸和妈妈认可，我的心都雀跃起来：“阿媛那组肯定不如我们。我们可是组织过一次慈善活动的了，比她们可是有经验多了。”我想想都兴奋，声音也不觉提高了八度：“要举办一场自己的年宵活动，还有慈善拍卖呢。哇！真是太有意思了！”

看到妈妈“扑哧”笑了出来：“想提醒你：别太乐观了。事情做起来，可要比想象中复杂多了。”

我不以为然地撇撇嘴：“那是自然。我们也知道。”

妈妈挑挑眉，说了句绕口令：“你以为你知道，其实你不知道。”

“什么知道不知道？”我不觉皱起了眉。

妈妈说：“有一门学科，叫作**行为经济学**。它有两位奠基人，名叫卡尼曼和特沃斯基[①]。他们经过多年的研究发现，人的大脑可以分为‘系统一’和‘系统二’两种（图 9-1）：

① 出自《思考，快与慢》，作者：丹尼尔·卡尼曼和阿莫斯·特沃斯基。卡尼曼于 2002 年获得诺贝尔经济学奖。

图 9-1　视觉笔记“大脑的两个系统”

“系统一，就是我们常提到的‘直觉’。它像一只跑得非常快的小兔子。很感性，不讲道理。一遇到事情就冲在前面，大部分时间都在工作。

“系统二，就是我们的理性。大多数时候，它都在呼呼大睡，很懒惰。

要把它拽出来思考，实在是费劲。就算被拽出来工作，它也像乌龟一样慢。”

爸爸也在一边补充：“很多道理，在眼前一点点摆出来，拿笔算一算，大家都明白。可是，为什么‘道理我都明白，就是过不好这一生’呢？看来，就是因为我们都习惯用‘系统一’——直觉——来认识和理解这个世界。‘系统二’太懒，太慢了，一般都不在工作状态。**大多数时候，我们在用感性和直觉来处理问题，而不是用我们知道的‘道理’。所以，就算我们明白了很多道理，还是过不好这一生。”**

妈妈点头赞同：“没错儿。就是这个原因。更要命的是，**我们给‘系统二’这个理性的脑子输送的思考素材，也是‘系统一’搜集过来的**。

“比如，我们的理性知道：2 只兔子和 2 只乌龟加起来，总共有 4 种动物。但是，如果，我们的感性告诉我们的兔子数量是错误的，也就是说，算数的基础素材就出了错，那么，用理性算出来的结果也只会是错误的。所以，很多时候，就算‘系统二’开始劳动了，因为它依赖的信息元素还是‘系统一’提供的，也就依旧会做出错误的判断。”

好吧。我现在知道了什么是“系统一”，什么是“系统二”。但是，这些跟我们的活动有什么关系呢？我一脸茫然。

妈妈看着我，继续解释：“就因为大脑的这种工作模式，让我们做出很多不理性的行为。**就像之前我教过你的给人贴标签、把钱归入不同的心理账户、受到其他不相关数字影响的参考依赖等，都是因为‘系统一’在不知不觉中帮你完成了决策，而你的‘系统二’还在睡觉，没有发觉。”**

我明白了妈妈的言下之意。莫非我刚刚又因为“系统一”的差错，而犯了一项连我自己都不知道的错误？我仔细回想着我们俩之前的对答。没问题啊！到底什么是“我以为自己知道，其实不知道”的呢？

“除了我之前跟你提过的那些人类行为偏差以外，还有一种常见的偏差，叫作‘过度自信’。”妈妈说。

我瞪着妈妈，反对道：“过度自信？不就是‘自大’吗？有什么稀奇的？很多时候，我心里其实是知道我自己自大了的。但是，我刚刚没有自大啊！”

妈妈摇摇头，说：“‘过度自信’跟‘自大’不一样。**‘自大’主要指的是在和人交往的场景中，因为有人做了一些不适当的行为，让其他人感到了不舒服。而‘过度自信’是人类行为偏差的一种，通常让人察觉不到，是自己对自己的评价。‘过度自信’特指人对自己能力的认知超过了自己的实际水平。**”

9.3　过度自信

“我们经常能够意识到自己‘自大’了。但是，**大多数人都低估了自己‘过度自信’的程度，也低估了‘过度自信’——这种人类行为偏差——在我们决策中的影响力。**”妈妈继续道。

妈妈思考了片刻，对我说：“你去问问外公外婆。他们平时在家里分别承担了多少百分比的家务？记住，两个人要分开问，不要让彼此听到另外一个人的答案。”

我最喜欢这样的实验了，欢呼一声“好嘞”，就撒腿出去找人了。

最近外公外婆来家里，只是暂住，妈妈问的是他们自家的情况。我在院子里找到了外婆，她正在做手工。她告诉我，她承担了家里 80% 的家务活儿。而另一边，外公正在书房练毛笔字，他说他承担了家里 30% 的家务活。

我回到客厅，把答案告诉爸妈。

妈妈笑着问我："一个家庭的家务活，满分应该是多少？"

"100%？"我答。

"没错。可是，根据外公和外婆的答案，两人加起来却高达110%呢。他们肯定有一个人高估了，或者两个人都高估了自己在家里承担家务活的比例，对吗？"妈妈问。

我点点头。会是谁高估了呢？外公平常讲话比较客观理性，外婆要夸张一点。是不是外婆高估了呢？但是，做家务这种事，也说不准。我经常看到外婆在劳动，外公在外面跟朋友们聊天。

妈妈说："还记得吗？有一次，在学校，你们有两个小组一起完成了一项任务。等老师颁发奖励的时候，你们两个小组都有些不开心。因为你们都觉得自己小组的功劳更大，应该获得较高的奖励，是吗？"

我记得这件事。那是学校大扫除，我们组和隔壁组一起负责在操场和种植园除草，奖品是种植园的盆栽。功劳更大的小组，就能拿走园子里刚培育出来的几盆风信子，剩下那组能领回辣椒、小菊花这种普通植物。风信子刚好是开花的季节，一朵朵蓝色的小花像是一个个小铃铛，一簇簇地长在一起，特别秀丽。我们都想要它。所以，在除草的过程中，我们两组都很卖力。可是，因为不同区域的杂草生长情况不同，温室内外的天气也不一样，辛苦程度也就不同了。在最后评比的时候，我们对"到底哪组功劳更大"产生了分歧。最后，风信子被隔壁组领走了。我们小组全体人员都很不开心。

妈妈说："这个情况，跟外公外婆评估家务活的例子是一样的。类似的现象还有很多，以法庭打官司为例，调查发现有68%的律师，在打官司之前，认为自己能赢得这场官司[①]。但是，大家都知道，官司嘛！总是有一半儿赢，另外一半儿输。"妈妈说完，还无奈地耸了耸肩。

① 出自《别做正常的傻瓜》，作者：芝加哥大学商学院教授奚恺元。

“哈哈哈！有意思。”爸爸笑了起来，“我也想到一个例子：开车的人都知道酒后驾车很危险。但是，大多数人都觉得别人酒后开车可能会出车祸，但自己喝酒以后却总是可以控制得住的。”

“没错儿。这也是人们‘过度自信’的表现。**这种认知偏差，很难被人发现，让人防不胜防。**”妈妈说，“还有个例子，大多数人看到自己的照片都会失望，觉得自己不上相。因为心底里的自己比照片上真实反映的自己要漂亮很多。”

爸爸妈妈你一言我一语说起来，他们总是能给对方启发。要是以后我的男朋友和我也有这么多共同语言就好了。我的脑海里闪过一个身影。想到这儿，我不由双颊热辣辣起来。偷偷瞄了妈妈一眼。还好，她没有注意到我又走神了。**我连忙提了个问题：“为什么会‘过度自信’呢？”**

“就因为我之前说的——代表直觉的系统一，在我们没有发觉的时候，已经下了很多决定了。根本轮不到代表理性的系统二出场。”妈妈说。

“为什么系统一会做出过度自信的判断呢？”我问。

“从生物进化的角度来说，**过度自信，可以让自己显得比实际上更加强壮、更加乐观和开心，从而更容易生存下来**。物竞天择，剩下的就都是过度自信的人了。”妈妈说。

妈妈笑着看向爸爸说：“你知道吗？**统计数据发现，女性投资人比男性投资人的平均收益率更高。还有一些基金专门投资那些由女性担任领导者的公司。”**

“怎么会有这样的基金？听上去好不靠谱呀！”我惊讶道。

“英国著名的金融机构巴克莱（Barclays）就有一只女性领导者全收益指数基金。这只基金只投资行政总裁是女性或者董事会成员中女性占比超过 25% 的美国公司。”妈妈继续道。

爸爸皱眉："这算不算性别不公平对待啊？"

妈妈嘿嘿一笑，有些得意地看着爸爸："有一家美国的会计师事务所 Rothstein Kass 曾经统计过 2012 年 1 月至 9 月的数据，发现 67 只由女性管理的对冲基金，收益率超出对冲基金平均收益的 2.69%。"

"为什么会这样呢？"我问。

爸爸皱眉想了想，问："莫非是因为男人比女人更过度自信？"

"没错。因为**男性比女性更加过度自信。**男性常常不自觉地认为自己有能力捕捉到市场的风云变幻，能在市场上驾驭自如。结果，男性就会比女性更频繁地买卖股票，多做多错，也就可能损失更多了。"

爸爸点头道："从进化论的角度来看，男性在人类进化的过程中，承担了在外拼杀的任务。当他们表现得比实际更强壮时，就更容易存活。求偶的过程也是一样，表现得比实际更强壮的男性，更容易找到另一半。也许就是因为这样，过度自信的男性更多地存活了下来①。"

"一般来说，**经验不足的人，比经验丰富的人更容易'过度自信'**。俗语'半桶水晃荡'说的就是这种现象。"妈妈问我："还记得，我跟你讲的蝴蝶效应和多层推理吗？每一件事情背后都有很多很多因素在影响。**因为经验不足，就看不到事件背后复杂的成因，想象不到事件发展的各种可能性，对出现的困难估计不足**，就会造成'过度自信'。"

爸爸说："金融市场上有一句话，'没有经历过一个完整牛熊市的人，都不是一个合格的投资人'。因为只经历过牛市的人，会觉得自己特别的"英明神武"。牛市的时候，到处都会流传股神的传说，人们都自信爆棚，以为自己赚钱是因为自己厉害，掌握了股票投资的真谛。但是，另一方面，那些只经历过熊市的人，就会特别悲观，畏首畏尾，不敢投资，也就会错过很多机会。**只有经历过一个完整的牛熊市，才有可能平衡自**

① 出自《理性动物》，作者：道格拉斯·T·肯里克。

己的投资心态和决策。”

咦？我突然想起来，最近新闻里采访过两位少年股神，其中一位小姐姐说自己炒股赚了钱，给自己奖励了一辆兰博基尼豪车，真让人羡慕。莫非现在就处在爸妈常说的“牛市”？

本章练习

试着问问你的爸妈，他们觉得在家里做了多少家务呢？记得分开问哦！

第10章

你以为你能完成，其实你不能

充分认识风险，承认不确定性，
是理性的基础，却不被鼓励

视觉笔记“市场鼓励过度自信”

“刚刚我讲的这些，都是处世的经验是否丰富，影响了过度自信的高低。但是，从单一件事情来看，对一件事情的信息知道得越多，也会加大判断时过度自信的程度。”妈妈继续说。

“比如？”

“如果你对股票一点都不懂，那么肯定不会过度自信。一个随便什么专家，随便推荐哪只股票好，你就会信以为真。但是，当你上了几个股票训练营，炒了几年股之后，你的股票投资能力上涨了，你的自信心也在同步增加。随着你搜集的信息越多，你的自信心也就越强。

“股市很复杂，受非常多因素综合影响。尤其是在牛市，很多人都赚钱了，便以为自己掌握了投资的真谛，过于相信自己的金融知识，自信自己了解市场的走势。但是，**个人的能力也有天花板。你的自信心不断上涨，能力却到了极限。过了一定程度，你的自信就会超过自己的实际水平，就会变得过度自信。”**

“很多人都听说过巴菲特和对冲基金经理的十年赌约……”

10.1　巴菲特的十年赌约

妈妈停顿了一下，显然她接收到了我满脸听不懂的信号，她补充解释道：“全球最著名的投资人巴菲特，他非常推崇购买不用动脑子的指数基金。你记得什么是指数基金的，对吧？”

我可是学校里出了名的理财达人，这个问题自然难不倒我：“那是当然。我还在你的建议下买入了恒生指数对应的基金呢。[①]指数就是一批好公司的组合。我们常听新闻里会提到恒生指数、标普指数等。

① 参见《高财商孩子养成记》。作者：艾玛 · 沈。

“指数里有哪几只股票，投资比例是多少，指数基金就照样画葫芦，完全照搬，不用动脑子。”

妈妈点头赞同：“著名投资人巴菲特和另一位著名对冲基金经理打了十年期的赌，赌注是 100 万美元，赌对冲基金经理精心挑选的股票能否跑赢不用动脑子的指数基金。2017 年 12 月 31 日，这个赌约到期了。巴菲特选的标普 500 指数基金完胜对方的 5 只对冲基金，年回报高出将近 5 厘这么多。”

爸爸问：“为什么对冲基金经理精挑细选的股票，走势反而不如巴菲特被动持有的指数呢？”

我记得妈妈讲过指数基金的好处，抢着帮爸爸解惑：“因为指数基金只有在指数里的股票变动时才会交易，交易很少，交易费用就扣得少。而且不用基金经理烦，所以，基金经理也不会收很贵的管理费。”

“交易费便宜的确是一个重要原因。另外一个重要原因就是我们今天讨论的**过度自信**。对冲基金经理因为过度自信而频繁操作，做多错多。这也是为什么我常写文章告诫读者——**要对市场有敬畏之心，先认为自己不行，通过科学的、结构式的方法来把风险抵消掉，赚长期的钱，而不建议普通个人投资者主动去选股和择时的原因**。”

妈妈又开始滔滔不绝地讲她的工作了，我连忙打断她：“过度自信也有好处吧？老师说，自信的人比不自信的人能够交到更多朋友，在工作和学习中也会表现得更好呢！”

10.2 过度自信的好处

“你老师说得没错儿。过度自信的孩子更容易找到好朋友！”爸爸向我挤挤眼，“无论自己长得好不好看，有多大的本事，过度自信让一

些孩子更有胆量去主动联系他人，与别人沟通。主动才有成功的可能性。不主动行动的话，就等于在原地打转。”

“所以，**不管结果如何，勇于尝试才是迈向成功的第一步**。”

妈妈也笑起来：“哈哈哈！没错。过度自信的人更乐观、更开心，也因此会更受欢迎。

他们在面临挫折时敢于不断尝试。**他们只将挫折当成是暂时性的困难，或者将失败归因于外部因素，不会责怪自己能力不足。因此，过度自信的人更容易坚持自己的目标，从而最终获得成功。**

研究发现，提拔人才时，机会常垂青于那些看上去更有能力的人。过度自信的人，自认为自己比实际拥有的能力更强，表现出来给其他人看到的也会‘更有能力’。

事实也证明，这些过度自信的团队领导，会将他们的乐观情绪传导给下属，在不知不觉中激励和鼓舞了他人。”

爸爸也说道：“过度自信的人会去做别人认为不可能做到的事情。因此，过度自信的人更有可能成功。”

妈妈说：“心理学里有一种‘**自证预言**’效应，认为**人们会有一些先入为主的判断，这些判断，无论正确与否，都将或多或少地影响到人们的行为，以至于这个判断最后真的实现了。**①

阿东立志做电竞冠军，这是理想，也是一个判断。这个判断让他比其他同学更专注游戏，也更努力去研究玩游戏的技巧。这就是判断影响了行为。最后，也许因为他的不断努力，梦想成了真。当初这个梦想，就是‘自证预言’。”

① 出自美国社会学家罗伯特·金·莫顿。

图 10-1　视觉笔记“自证预言”

爸爸也点头赞同：“我们常说‘心诚则灵’，也是同样的道理。因为相信，你才会有行动，有行动，才会有结果。”

我开心地喊道：“那我也要树立一个理想，让它变成预言！”

自从进入中学以来，一些问题总是萦绕在我脑海，挥之不去。比如：我未来要做什么？我将来会是一个什么样的人？我要过什么样的生活？什么样的人生才有意义？我长大了，大家会喜欢我吗？似乎就要踏入成年人的世界了，可我却还什么都不懂。每每想到这里，就会觉得焦虑和迷茫。也许，这就是老师们说的“青春期的困惑”吧！

这些天，妈妈跟我讲了很多很多知识。我发现，很多成年人跟我一样，并不了解自己，和我犯着同样的错误。妈妈说，探索人生是一辈子都要做的学问。也许，我不用太急。思及此，我的这颗不安分的心，反而妥帖了下来，没有了以往那么焦虑了。

如今，听说了这个“自证预言”，更觉得未来不是那么困难了，只要我“心诚则灵”，用“预言”来指导我的行动，努力去做就行了。可是，我要订立怎样的“预言”呢？我苦思冥想着。

突然，头上被轻轻拍打了一下，只听妈妈说：“你这抓耳挠腮的样子，在想什么呢？”

“我正在想设了一个什么预言好呢。”我做出祈祷状，“过度自信，请赐予我力量吧！”

妈妈笑着摇摇头，说：“别以为过度自信只有好处，也会带来很多坏处。”

我说：“我知道！你刚刚不是说了吗？过度自信会让投资人多做多错。所以，普通人买指数基金最好！”

10.3　过度自信让人冒更大风险

“不仅如此，过度自信带给人的乐观感觉，会让人掉以轻心，做出不合适的决策，过早地将自己暴露于风险之中。”妈妈说。

“风险？什么风险？”我问。

妈妈回答：**“很多创业的人，会高估自己的创业能力，以为自己创业的成功率很高，贸贸然把大量资金投入到创业项目中，就会造成财产损失。”**

行为经济学家做过一项调查：请美国企业家们估算他们自己创业的企业有多少概率会成功。81％的受访者觉得成功概率超过 70％，其中更有 33％的受访者说他们不可能失败，失败概率是 0。

事实上，真实的调查数据显示：一个创业公司能维持五年的概率只

有35%。[①]这说明，参与调查的企业家们，其中大多数都过度自信了。

我们可以推测，因为他们过度自信，在投资的时候，就会更加大胆，不顾忌风险，结果很可能会损失惨重。”

爸爸笑着补充道：“从另一个角度来说，幸好这个世界有这些过度自信的企业家们，因为他们愿意冒风险，我们的技术才能推陈出新，商业社会才会像现在这么蓬勃发展。如果大家都很保守，可能我们现在还停留在农耕社会，没有进入工业革命呢。”

妈妈说：“还有一些大型企业的管理人会在并购公司时下大赌注，因为他们认为那些被收购的公司，之所以做得不好，只是因为现任管理层管理能力不行，而自己肯定能比他们做得更好。不过，现实一次又一次地让他们失望。

真实的调查数据再次告诉我们：兼并大型企业的失败概率远远大于成功的概率。”

我突然想起一件事，问道：“二表叔刚盘下了一个餐厅铺面，打算也开一家餐厅。之前那家餐厅就是因为亏损而结束营业的。这么说来，他是不是也过度自信了。我明天要去问问他，他是不是认为自己会比之前那家餐厅的老板更会打理餐厅？”

妈妈点头微笑：“很大机会是的。**大家都会高估管理人个人的管理能力，而忽视运气、大环境等外在因素**。你二表叔白手起家，通过自己的努力和拼搏，一路披荆斩棘，到如今身家过亿，自信心膨胀也是自然的。他投资过很多个行业，唯独没有餐厅。有可能之前餐厅失败的原因就是因为选址不佳。所以，这一次，你二表叔也许就会老马失蹄。”

“那，我们要不要去提醒他？”我不由焦急起来，二表叔可是我的偶像，我不希望他失败。

---

①《思考，快与慢》。作者：丹尼尔 · 卡尼曼。

妈妈建议道："你可以去试一试，跟他讲讲过度自信的道理。"

爸爸耸耸肩，不以为然道："大家都会用成就来论英雄啦。冒了大风险的行为，如果恰巧赢了，大家就会说这个人富有远见、英勇果敢。而那些提醒他们风险的其他人，都会被认为是平庸胆小之辈。你二表叔一路闯荡至今，走过多少风雨，就算一开始损失了，他也能找到其他方法给赚回来。"

我苦恼地抓抓头："不行。我明天还是要去问一问他。"

妈妈没有理我，继续跟爸爸一唱一和："**市场常常鼓励过度自信。**一位投资专家如果承认未来不确定、有各种可能性（事实上，真实的情况就是拥有非常多的不确定性），别人就会对你嗤之以鼻，觉得你只是在讲常识。相反，一个断定某类投资未来一定会涨的专家，更容易让人信服。尽管很多时候，这个判断事后被发现是错误的。"

说错了的人，因为给的建议简单直接，大家会更喜欢？相反，说对了的人，因为建议中肯，反而被大家怀疑是否有足够的能力？真的会这样吗？我很疑惑。妈妈说的世界总是充满了矛盾，世界是多元化的，我不懂！

看我一脸迷糊，妈妈说："如果你今天头很痛，去看病。一位医生跟你说：你这头痛，可能是 A 病引起的，也可能是 B 病引起的，还可能是 C 病引起的。另一位医生告诉你：你这头痛啊，就是因为 A 病引起的，你只要这么治，就可以好了。你觉得这两位医生，哪一位更厉害？"

我不假思索地答道："自然是第二个医生了。"

妈妈点点头，说："大多数人都跟你想的一样。但是，头痛，的确可能是因为不同的原因造成的。第一位医生比较谨慎，并没有立刻给出答案，需要再做详细的检查，却会被大家认为医术不精。大家更喜欢第二类医生——他们因过度自信而做出确定性的判断。反正病人和家属也看不出来这判断是对是错。治疗得好，还是不好，也会受到很多因素影响，

并不能立刻检验出医生的本领高低。”

爸爸耸耸肩，用他一贯酷酷的语调说：“**充分认识风险和承认不确定性是理性的基础，却不被人们鼓励。**”

听起来很荒诞呀！我再一次对人类行为表示出深深的困惑。我皱眉思考了好一阵子，直到爸妈都开始聊起自己的事情来，我才又突然想起来：当初为什么会讲起这个话题呢？

哈！我想起来了。

我抬头问妈妈：“我刚刚是不是在哪里表现出过度自信了？”

10.4　过度自信让人疏于准备

妈妈哈哈一笑：“扯得那么远，我也忘记把话题拉回去了。你之前那么骄傲，觉得你们组稳赢。我认为，你是过度自信了。过度自信会让你在实施大项目时疏于准备——这也是过度自信的另外一个坏处。”

我摇头反对：“我不会的！”

妈妈突然严肃了起来，直视着我的眼睛，语气尤其慎重：“记住！过度自信是最普遍的人类行为偏差，它的影响难以察觉、防不胜防。”

每次妈妈这么盯着我，我就会心虚。飘在空中的心，也会沉下来。

妈妈说：“在学校里，为了考试考出好成绩，很多学生会制订详细的复习计划，但是最后，真正实施计划的人却很少。大多数人都还是要等到考试最后几天临时“抱佛脚”。

“也有很多人办了健身年卡，认为自己能够经常去健身，但大多数人直到健身房倒闭，都没有去几次。”

爸爸说道："咱们家去年装修，原本估计只要 40 万元，3 个月就能完成，结果，最后花了 60 万元，差不多半年才结束。"

"哈哈。你们也过度自信了啊！"听上去无所不知的爸妈，居然也会犯同样的错误，过度自信果然是防不胜防啊！

妈妈说："行为经济学家发现：**因为过度自信，人们在给任务做计划时，会低估任务完成的时间、成本、风险和复杂度，因而产生规划谬误**。[①]"

"这种规划谬误，不仅发生在日常生活琐事中，那些大型工程项目、部门或大企业的规划、信息技术产业项目等，都广泛存在着项目延期和预算超支的情况。"

"还记得咱们去意大利旅行，见过的那个比萨斜塔吗？"爸爸问。

"那么奇怪的建筑，怎么会忘记呢？"当初在修建时因地基不均匀与土层松软而倾斜，而且伟大的科学家伽利略也在这里进行了著名的自由落体实验。

由于倾斜问题，工程曾间断了两次很长的时间，历经约二百年才完工。二百多年前的投资人和建筑师，一定没有预料会延误这么久。"爸爸说。

"前年暑假的夏令营，你参观过悉尼歌剧院。那座歌剧院原计划只要 6 年就能完工，结果最后建了 16 年，费用也比计划超支了 12 倍。"妈妈补充道："据说，有一对澳大利亚的情侣，原计划在悉尼歌剧院落成时结婚。但是，等到它真正完工时，这对情侣已经结完婚，还生了第二个孩子。"

"真的吗？太好玩了！"我乐得拍起手来。

① 1979 年，丹尼尔·卡尼曼和阿莫斯·特沃斯基首次提出规划谬误（planning fallacy）概念。

妈妈说："所以，如果对过度自信没有足够的警惕，今天，你们有多么志得意满，到学期末，真正实施年宵市场大计划时，你们就会有多么狼狈不堪。"

我沮丧地应道："哦！"妈妈总喜欢在我特别开心的时候浇上一盆冷水。

"**过度自信，还会让你过多关注自己的优势，忽略了竞争对手同样也有长处。**"

妈妈继续添着火："你们三个古灵精怪的，能想到这么好的主意。凭什么认为阿媛、家豪和加恩就想不到其他好主意呢？说不定，他们也想做年宵或拍卖呢。"

我噘起嘴，满脸不乐意。妈妈总不让我好过。

只听妈妈继续在喋喋不休："你喜欢看《奇葩说》，在淘汰赛中，那些奇葩们每进入下一级，信心就会强烈一些。可他们没注意到的是，他们下一关的对手也是晋级而来，实力也一样在提高。

还有，那些黄金周长假期，大家都只顾计划自己的假期安排，忽略了其他人也在同样计划假期，结果，造成了景点人挤人，高速公路上龟速行驶的情况。"

爸爸说："商场上也是啊。那些热门的行业，大家一窝蜂都去做，把本来很好的利润给摊薄了。大家还拼价格战，结果都要亏损。

在竞争场景中，**比关注自己的策略更重要的是考虑竞争对手在做什么，他们会对你的客户产生什么影响，你如何去应对。**"

"这倒是的。"我一边点头一边说："我明天就让琪琪去打听打听。"

妈妈说："还有一种情况，本来一个任务的成功概率是60%，如果好好准备，可以将成功率提高到80%。可是，**因为过度自信，以为自己**

能够控制未来，信心满满，不再全力以赴，开始懈怠。最后，在不知不觉中，因为准备不足而造成了失败。”

“这样啊！这个过度自信，一会儿好，一会儿坏。真是头疼啊！我什么时候应该过度自信？什么时候必须防备它呢？”我挠挠头。

本章练习

采访周围的人：问问他们有没有经历过“计划得很好，最后却延误或超支”的情况？

第11章 投资是靠运气，还是靠实力

视觉笔记“靠实力还是靠运气”

“过度自信，有的时候会带来好处，有的时候只会带来坏处。那么，我们应该什么时候放任过度自信？什么时候又要保留自知之明呢？这取决于我们正在从事哪一类活动。”妈妈说。

“哪一类活动？”我问。

“我们在讨论一个人为什么会成功时，通常会有两类意见：有时会认为那个人‘运气好’，有时则认为那人‘实力强’。我问你，大家会把哪些活动的成功归因于运气好呢？”妈妈问。

我不假思索地回答道：“中彩票！”

“没错。买彩票，基本上是纯靠运气的活动。你再怎么聪明，努力去推算背后的开奖规律，都只是无用功。那么，哪一些活动的成功主要靠实力呢？”妈妈继续问。

我想了想，说：“游泳。”

妈妈说：“真聪明！游泳、打球、下棋，这一类活动，只要勤于练习，技术就能有很大的提高。一个刚下水的初学者，运气再好，都游不过游泳教练。在这一类活动里，运气的影响占很少的比重。”

11.1　承认运气的重要性

妈妈继续对我说：“这是靠运气和靠实力区分特别明显的例子，还有很多事情是介于‘靠运气’和‘靠实力’之间的。你一眼看下去，很难马上区分出来到底属于哪一类。”

我皱着眉思考着，到底有哪些事情介于两者之间呢？

爸爸又说道：“比如考试啊！很多人平常成绩很好，到了考试的

时候，生病了，或者太紧张，又或者考听力耳机却坏了，考砸了，大家就会说这是‘考运不好’。”

爸爸说得没错儿，我考试的运气就一直不太好。我忍不住跟着点头。不料，一抬头又瞥见爸爸古怪的笑脸。心中不觉一紧。难道我刚刚又不知不觉把心里话都说出口了？

妈妈点头称是：“可以这么说。考试，主要以实力为主，运气也有些影响。”

爸爸沉吟片刻，又道：“创业就是以运气为主、实力为辅。一家企业要有大的成功，影响因素太多了，不是个人的努力就能实现的。运气占了很大部分，它影响了行业的大环境，供应商客户这些上下游的情况等。个人努力，的确能让你赚点小钱、衣食无忧，但是，想要赚大钱，还得靠运气。而运气中最重要的一点是要踩准趋势。”

“趋势”——又一个新词汇？

妈妈说：“有个小故事：小明、小张和小王三个人坐电梯去楼顶，小明在电梯里站着没动，小张在电梯里跑步，小王在电梯里做俯卧撑。当他们到达楼顶的时候，别人问他们：‘你们是怎么成功到达楼顶的？’小明说：‘我什么也没做，就上来了。’小张说：‘我跑着上来的。’小王说：‘我非常辛苦，做了很多个俯卧撑才能够上得来。”

我疑惑地问 :“不是靠电梯吗？还有人居然连这个都不明白？”

妈妈说：“这只是寓言故事，目的是让我们一眼就能看出其中的道理。故事里，把趋势比喻为电梯，个人不同类型的努力比喻那三个人的行为。电梯的作用，我们能一眼就看出来。但是，现实中很多事情就未必了。

比如，十年前，两个小伙伴，一个进了新兴产业，一个进了传统行业。两个人都很努力，但是十年下来，就会天差地别。这个案例里，电梯就是行业趋势。

或者，十年前的同班同学，家庭背景、聪明才智、勤奋程度都差不多，一个赚了钱在三线城市买房，一个在北上广深买房，十年后，也会完全不同。这个案例里，电梯就是一个城市发展的趋势。

如果运气好，恰巧踏上了一个快速上行的电梯，努力就能事半功倍。如果运气不好，选择的是一个下行的电梯，再努力地做俯卧撑、跑步，也只会走下坡路。**很多人碰巧成功了，以为自己过去的经验也能带来未来的成功。但是，大多数时候，未来的形势已经变化了，过去的成功经验不再有效**。试想一下，如果小王没有意识到电梯的作用，下一次爬楼，还是会继续做俯卧撑，小张也会继续跑步。”

“运气这么重要啊！那怎么办？难道就求神拜佛，求好运降临吗？”我嚷嚷道。

妈妈说：“先别急。我们先要分清楚，哪些活动主要靠运气，哪些活动主要靠实力，然后按不同的类别，有策略地努力，成功的概率就会更高。”

我问：“怎么分类？”

妈妈说：“通常，**在运气比较重要的领域，同样的努力，结果是好是坏，波动很大**。创业，虽然管理层实力对结果有影响，但是，运气的影响更大。所以，创业的成功率很低。就算是一些连续创业者，也常常会在新项目上败北。还记得那个美国企业家的实验吗？真实数据显示，在美国，一个公司能维持五年的概率只有 35%。

股票投资也是。我们刚刚说了巴菲特的十年赌约，不动脑子的指数基金大幅跑赢了精心挑选的对冲基金。还有一个著名的实验，由大猩猩随机选出的股票跑赢了基金经理。很多数据都证明，大多数基金经理优秀的业绩很难持续。好好学习投资的知识，可以提高投资的获胜概率，但是，股票受到各种因素的影响，如商业竞争、政治事件、宏观经济因

素、社会热点和创新技术等。受太多因素影响，就带来大量的不确定性，预测起来非常困难。结果就会很不稳定。因此，是以运气为主。

这些听上去很泄气，但是这就是现实。**只有理解了这个现实，承认运气的重要性，才会做出正确的选择，知道要通过科学的方法，去提高获胜的概率，而不是一味蛮干努力**。

“相反，一些球类比赛，选手们可以多年屡次夺冠。**这种稳定的结果，就是靠实力取胜的典型特征**。”

我问：“哦！知道了靠运气还是靠实力，有什么用？跟过度自信有什么关系？”妈妈每次讲一个道理，都要绕大圈，绕着绕着，人家都会忘了之前在说什么。

看我这么着急，妈妈叹口气，说：“对于这两种不同类型的活动，我们就要采取不同的策略。”

爸爸说：“靠实力取胜的活动，要成功，很简单，就是加强训练。靠运气取胜的活动，要怎么做才行呢？”

妈妈说：“没错。**对于那些靠实力取胜的活动，只要我们努力练习，就能提高获胜概率**。过度自信，在这类活动中，就能起很大的作用。过度自信让人更乐观，面对挫折更有韧性。它给我们提供源源不断的动力去坚持锻炼、经历挑战和磨炼。与那些悲观的人相比，过度自信的人更容易成功。所以，在靠实力取胜的活动中，我们就可以顺其自然，充分利用过度自信的好处。”

“哦，有道理哦！”原来过度自信与运气和实力的关系在这里，我恍然大悟。

11.2　主要靠运气取胜的活动

妈妈继续说："而对于**那些靠运气为主的活动，单纯的刻意练习能够带来的提高有限，就要靠科学、理性的决策方法，来提高获胜的概率。**"

什么意思？我还没有提出困惑。爸爸就开始补充起来："就像股票投资和赛马一样，是计算获胜概率和赔率的游戏。"

"赛马？"我更加疑惑了。

"这是另外一个话题了，下次有机会再说。你爸爸的意思是：股票投资，靠单纯的刻意练习买卖股票这个动作没有用，而是靠计算获胜概率和赔率，多做高概率会赢的事情，在这个基础上兼顾赔率，通过这种决策方法来获胜。

我也常说，**要通过大类资产配置，同时购买互相影响不大的资产，来抵消风险。**因为这些资产的波动方向不一致，其中一种资产的亏损，就会被其他类资产的上涨所抵消。波动被抵消之后，拉长时间线，我们就能赚经济增长和公司业绩改善的钱。

买股票也是，同样的钱，分散买多支不同类型的股票，比只买一只要风险小很多，也更容易成功。因为不同类型的股票波动方向不同，有的涨，有的跌，其中的一部分力量就会被抵消掉，总体的走势就会比较平稳，风险就会被大大降低。这也是通过科学的决策方法，来提高获胜概率的情况。"

虽然从小学五年级开始，妈妈就一直在教我理财。投资股票的事情也讲过很多，我还是似懂非懂的。不过，她今天讲的这一段，我还是理解的：在主要靠实力取胜的活动里，多练多试，成功的概率就高，过度自信就有用。在主要靠运气取胜的活动里，必须用科学的方法来提高成功的概率，这个时候就要注意过度自信。

果然，妈妈说："在这一类活动中，过度自信就弊大于利。像我们之前举的那些例子，过度自信，会让你觉得胜券在握，贸然投入大额资金、准备不充分或者忽略竞争者同样有优势的情况等，从而造成失败。所以，**在以运气为主的活动中，咱们就要克制过度自信，让理性更多一些**。"

"怎么样克制过度自信呢？"我问。

妈妈朝我们眨眨眼，说了句绕口令："我不愿意过度自信地认为自己能够克制过度自信。"

爸爸哈哈笑出了声。而我要默念几遍，才能明白她这句话。

妈妈等我明白了，才继续开始说："不过，还是有一些方法能降低过度自信的。"

讲了这么许久，我已经有些不耐烦了，急急地追问道："什么方法？"

11.3　运气，也可以被提升

妈妈说："要想摆脱心理问题，**首先，要有觉察。**也就是说，必须提前认识到我们都有过度自信的这个倾向。如果你不知道有'过度自信'的存在，就不可能做出改变。"

我又问："我现在已经知道啦！这样就可以了吗？"

"其次，做重要决策时，不要一时冲动就下了决定。先冷静冷静，好好思考，**不要快速作决定。**因为系统一喜欢快速做决定，在搜集信息的时候，也会第一时间先找跟我们意见一致的观点和证据。所以，我们**要多做'证伪检验'，刻意去找相反的证据和观点。**"

我想了想，这一点，我应该也能做到。

“第三，**多学习理性知识，包括统计学知识、行为经济学、经济学知识等**。这些知识会提供方法和工具，教你怎么做决策。如果你能明白这些知识的原理，在实际情境中善用这些知识，在不确定性中找到确定性方法，遇到新情况新问题时，也就能多几分把握。”

反正就是让我努力学习啦！知道啦！我心里偷偷叹口气。

“最后，我们还能**通过一些方法来提升我们的运气**。”妈妈说。

哈？运气还能提升？本来快蔫儿了的我一下子又醒了过来，两眼只盯着妈妈看。

妈妈笑着看我，卖关子不肯说。

“妈妈……”我拽了拽她的衣袖。

她笑了几声，才继续道：“现在很流行‘平行空间’理论，说这个世界上同时存在着既相似又不同的其他空间。你想象一下，假如你在一个平行空间，有 10 个朋友，这些朋友特别乐观，整天开开心心的，喜欢帮助人，常常组织一些有意义的活动。而另外一个你在另一个平行空间，也有 10 个朋友，这 10 个朋友整天愁眉苦脸的，特别爱抱怨，对人冷漠又自私。你觉得，哪一个你更幸运？”

“当然是第一个啦！”我答。

“运气，是我们很难控制的。如果你出生在贫困的地方，一定比现在更不幸。但是，**人又是有主观能动性的，可以在一定范围内改变自身的环境，去自己创造一个‘发生好事概率更高’的环境。**”

我有点明白妈妈的意思了。

“如果你是第二种情况，在这一刻，你比第一种情况运气要差很多。但是，你可以选择远离那 10 个负能量的朋友，去主动认识另外 10 个正能量的朋友。那个时候，你的运气就变好了。”

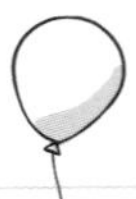

我忍不住跟着点头。

“所以，如果你想有更好的运气，就要多去结交积极向上、有学识、有见地的朋友。他们一定能在潜移默化中教你很多有用的东西，而这些东西，就能提高你未来成功的概率。”

爸爸也说道：“你妈妈说得太棒了。我再举一个例子。小明很喜欢阿生，想与他做朋友。但是小明很内向，不善于与人交往，他不知道怎么让阿生成为他的朋友。这个时候，如果阿生主动来找小明，愿意跟他做朋友。这对小明来说，运气太棒了！如果阿生没有采取主动，小明也没有办法，只能默默祈祷好运的降临。

后来，小明听说了你妈妈讲的提升运气的方法——主动创造一个更好的环境，他明白过来，与其等运气降临，不如自己主动去寻求。于是，他终于踏出那一步，找阿生聊天，多跟阿生培养感情，最后他们果然成了好朋友。”

妈妈做了最后陈词：“**很多人认为，自己之所以不成功，就是缺了运气，但事实上，他们缺的是实力，缺乏主动提升自己、改变环境的实力**。”

我问：“主动去结交一些好朋友吗？”

妈妈说：**“不光是结交好朋友，还需要不断学习、紧跟时代变化、随时做出调整，学习认识趋势，学习提高获胜概率的决策方法。”**

这个晚上，我做了个奇怪的梦。我梦见，我在一条雾蒙蒙的马路上奔跑，马路边站着一个个看不清楚脸的人，有男孩，有女孩。有些人，身上发出淡淡的光亮，像是大雾天的路灯，帮助我分辨方向。有些人则相反，周身笼罩着一层黑雾，看上去特别沉重，周围的光，也被吃了些进去，变得黯淡，更看不清楚方向了。我便一路寻找那发光的个体，循着这光一路往前奔跑……

本章练习

根据提升运气的方法，给自己写下三条改变建议。

第12章 投资还是下注，你真看明白了吗

视觉笔记“投资如赛马”

第二天，我从睡梦中醒来。一晚上纷繁杂乱的梦境，让我有些疲倦。我赖在床上不愿起来。明媚的阳光，透过窗棂洒了一地。我蜷在被窝里，感到分外温暖。

好舒服呀！我伸了个大大的懒腰，又缩回被窝里，回想着昨晚的那些长篇大论。

我们人有两个大脑，直觉大脑特别勤快，爱做主，理性大脑很懒惰，常睡觉。因为直觉大脑，我们经常会犯一些错误，其中一种很常见却不为人所知的错误叫作“过度自信”。过度自信和自大不同，自大是人际关系上的行为，会让人不舒服。过度自信是自己对自己的评价超过了实际的水平，让人觉察不到。

因为物竞天择，过度自信的人存活了下来。所以，大多数的人类都有过度自信的毛病。过度自信有很多好处，大家也喜欢过度自信的人。过度自信也会带来很多坏处，可能造成重大的失误。在靠实力为主的活动，我们就可以让过度自信激励自己不断努力练习。在靠运气为主的活动，我们就要提防过度自信，多用理性的、科学的方法进行决策。

哇！昨晚真是学了不少知识呢！

我们的年宵市场计划算是靠实力为主，还是靠运气为主的活动呢？这应该属于是创业类的吧？这可没地方给我们去刻意练习。那就是靠运气为主了。所以，我们应该警惕过度自信，要更加仔细周全地计划，全力以赴地准备，不能掉以轻心，不要以为自己就要成功了就放弃努力，还要多打听竞争对手的动作……嗯！就这么干！

12.1 投资与选择

我躺在床上，又来来回回地想了一阵。突然想起爸爸讲的“投资像买彩票”。

彩票，我知道。平时爸爸经常买彩票，时不时的还能中个奖，五块钱就能开心好几天。妈妈说：“在我国，国家发行的彩票有两种，分别是中国福利彩票和中国体育彩票。”

投资，为什么会像买彩票呢，猜哪只股票涨得最好吗？肯定不是。那会是什么呢？想到这里，我一骨碌爬了起来。冲下楼，找妈妈去了。

妈妈跟我解释“买的彩票中，如果中奖的可能性很高，赔率就很低。”

我问：“什么是赔率？”

妈妈答：“具体的算法，你不用知道，你可以把它简单理解成‘如果你赢了，可以赚多少’。”

我问：“为什么中奖概率高，赔率就低呢？”

妈妈答：“你可以这么理解：在购买体彩时，当购买人下注后，发行方会把大家下注的钱汇总在一起，并把它平均分给猜对的人。那些获胜可能性高的队伍，很多人都看好，都下注了。当这支队伍赢了之后，要分配的人就多，每个赢的人分到的就少了，赔率就低。相反，获胜率越低的队伍，大家越不看好它，没什么人给它下注。一旦它比赢了，要分钱的人就少，每个赢的人就分到的多。”

我问：“经常听人说：‘在比赛中出现一匹黑马’，我一直不太明白，难道说那匹马是黑色的吗？”

妈妈笑着摇摇头：“当然不是。这里的‘黑马’指的是那些不被人看好、最后却赢得了比赛的队伍，有的时候也会被用来形容人或者公司。因为

有着高胜率低赔率，高赔率低胜率的矛盾在，在选择下注的时候，我们就要同时考虑**获胜的概率**和**人们出价的赔率**。

“我们要选黑马。”说完，我又摇摇头，“不对。我怎么能知道哪一支队伍是‘黑马’呢？猜中的概率太低啦！”

妈妈不吭声，看着我，等我继续说。

我只好硬着头皮继续琢磨：“比赛也是靠运气的。那么，我们必须依靠科学理性的方法来选择，不能过度自信。昨天你们说，应该做大概率赢的事情。所以，要选获胜概率高、赔率又高的么？可是不是高胜率的，赔率就低，高赔率的，胜率就低吗？这是两难啊！怎么选呢？”

妈妈哈哈一笑，却没有直接回答。她说：“很多人把股票投资比作很危险的行为，这么类比的人，要么想说炒股‘亏多赢少’，要么是想形容炒股人的贪婪与疯狂和赌桌上类似。其实，从概率和赔率的方向来思考，股票投资也有共通之处。

“妈妈跟你讲过很多投资方面的知识。我们研究公司，看它们的行业前景、商业模式、思考它们有没有护城河，读它们的财务报表等，就是想通过研究，挑选好公司，来提升获胜的概率，就像挑选一匹体力精力上佳、经验老到的千里马一样。”

“大家在股市上买入卖出，产生的市场价格就是赔率。还记得我跟你讲的 PE 吗？”

我想了想，回答道：“PE 就是市盈率，市盈率 = 股价 / 每股盈利，它告诉你投入的钱要等几年才能收回成本。PE 越贵，说明回本期越长，代表股价就越贵。①”

① 参见艾玛 · 沈出版的图书《高财商孩子养成记》。

妈妈赞许地点点头："真棒！如果从赔率的角度来看，PE 越贵，赔率就越低。我们常常说'**好公司不一定是好股票**'。从这个角度来看，就是那些获胜概率高的马，有可能因为赔率太低，而不是一个好选择。

我们常常说'**切忌频繁交易**'，如果每一次购买股票就是一次概率游戏。那么，获胜一次的概率可以很高，但连续获胜的概率就会直线下降。

在购买一些彩票时，特别是体彩研究概率和赔率是获胜的关键。在股市中，**'研究公司价值'和'理解市场定价'也是股票投资获胜的关键。两者缺一不可**。

根据比赛的历史成绩，比较容易挑出高胜率队伍不同的是，股票市场却是错综复杂的，受到多种因素的影响，很难准确地看出公司能比赢的概率。

所以，在某些比赛中，'高胜率'和'高赔率'总是互相矛盾。在股票市场却不尽然，常常会出现既是高胜率的好公司，又是高赔率的便宜公司。这也是价值投资者追寻的投资标的。这样的公司，就像比赛中最后获胜的黑马一样，因为不被人看好，所以价格便宜。

现实生活中的决策也是如此，这些决策中的很大一部分，相关的信息多且复杂，我们很难全面掌握。因为存在着信息不对称，就有可能存在既高胜率又高赔率的选择。如果能够找到这些机会，我们成功的概率就会大很多。"

12.2　寻找股市里的"黑马"

我问："在哪些情况下，可以找到黑马公司呢？"

妈妈说："要找到高胜率、高赔率的公司，最常见的情况是：一家公司受同行的负面新闻所牵连，或者受限于暂时性的困境，大家对这家企业过分悲观，从而给出了远低于企业估值的低价。找到这种股票，需要投资人在市场普遍恐慌的时候，依旧能够保持冷静和客观，有独立的思考能力。

另一种情况是：一个未来具有广阔发展前景和优秀盈利能力的公司，还没有被大家所发现。这也需要投资人有比别人更具前瞻性的商业洞察力。

这两点，如果没有经过几次牛熊转化，没有在商业世界得到足够的历练，没有经常总结与反省，是很难获得的。这也是为什么巴菲特的投资理念很容易被人理解，他的境界却很难被复制的原因。"

"听起来就好难啊！"我耸耸肩。

"没事。你还有一辈子可以去学。"妈妈摸了摸我的头。

"不是说，股票投资主要是靠运气吗？学这么多知识，又有什么用？"我问。

"靠运气那一类活动，只是不能靠简单的重复训练来获胜罢了，也还是可以通过学习科学的方法来提高获胜概率的。"妈妈说。

"可是，连大公司的基金经理精心挑选的股票，都不如大猩猩选的，我们难道能胜过大猩猩？"我再问。

"大机构投资者有大机构投资者的优势。我们散户也有我们散户的优势。"

"我们有什么优势？"我问。

"作为散户，没有机构投资者那么快、那么广的信息渠道，自然不能跟机构投资者去拼快，去追逐短期价格的上下波动，而应关注更长期

的因素。尤其是**机构投资者们受到绩效考核压力，为了追逐短期收益，忽略了企业的长期价值创造能力，造成了这些优质股的低估——这正是散户能找到的切入点**。”

“为什么他们会受到考核的压力，去追逐短期收益？”我问。

“因为机构投资者管理的是别人的钱，不是自己的钱。别人为什么要让你来管，而不选择其他公司呢？肯定是知道你的投资业绩好。人们怎么才能知道你的投资业绩好呢？就像你们学生一样，别人怎么知道哪一个学生成绩好？”

“靠考试成绩排名。”我答。

“没错。投资基金也有自己的成绩排名表。一直以来，各种基金排名是最吸引投资人眼球的东西。很多人都是冲着排行榜去购买基金的。一个基金能不能在排行榜中位居前列，对基金的销售有很大推动作用。排行榜一年评比一次，基金经理们就不得不将大部分精力都用来寻找下一个季度、下半年，最长也就下一年可能涨得最快的投资品，放弃那些虽然品质很好，却需要等待更长时间的投资品。”

“我以为只有我们学生才会被考试成绩排名折磨，没想到大人也一样。”我说。

妈妈说：“成年人的世界里，可没有‘容易’两个字。我们也知道这样做太短视。”

我觉得这句话似乎在哪里听过。我拿起笔记本朝前翻了翻，找到了相关的内容：“这就是你之前说的‘现实主义者’吧？先暂时放弃目前无法实现的理想，在规则中生存下来，等到自己有能力之后，再将它改进，更加完善。对吗？”

“没错。我讲的内容，你都记住了。”妈妈说。

我扬了扬手里的笔记本："外婆老是说：好记性不如烂笔头。你讲的知识点太难，但是感觉又特别重要。所以，我都拿小本本记下来啦。"

可能是见我学习态度这么好，妈妈讲课都更加带劲儿起来："机构投资者们为保住饭碗，不得不随大流，不敢特立独行，去购买大家不看好的不知名股票。散户却没有这个压力，**可以按照自己的研究和节奏来布局，有足够的时间等待一次逆向操作的逆袭。"**

"这又是为什么？为什么散户可以买大家不看好的股票，机构投资者就不可以呢？"我问。

妈妈解释说："著名投资人彼得·林奇说过：'华尔街有一条不成文的潜规则：如果你购买的是 IBM 的股票而遭受的损失，你永远也不会丢掉饭碗。'IBM 股票就像赛马那些成功率特别高的马，大家都看好它，你买它，就算亏了，也不会受到惩罚。因为机构投资人管理的都是客户的钱，很多人都只是投资公司的员工，如果你选择一匹大家都不看好的黑马，成功了自然是皆大欢喜；如果失败了，客户可能就会离你而去，你也可能会被公司炒鱿鱼。最惨的是，因为考核短期化，你明明选择的是对的，但是在等到成功到来之前，你可能已经被下岗了。"

我说："我明白啦。散户管理的是自己的钱，赢和亏都是自己对自己负责，就可以坦然地说：走自己的路，让别人说去吧。"

妈妈说："因为投资机构掌管着巨大的资金，为了控制风险，对单个股票的投资比例进行了限制。这样，他们就必须去寻找大量的投资标的，对单个企业的研究深度反而不一定能超过散户。散户的资金是自己的，**完全可以根据市场机会和对风险的总体把控，来选择对自己最有利的仓位结构，从而更好地抓住或避免市场的大起和大伏**，结合自己的职场和人生经验，认真研究、深入挖掘、找准方向、保持耐心，这是我们可以找到的长处。"

妈妈停顿了一下，看到我开始涣散的眼神，终于总结陈词起来：“总之，**咱们做事，一定要立足自己的长处，回避自己的短处，不要看别人做什么，就去做什么，要去寻找适合自己的路，才有可能走向成功**。”

我想起爱因斯坦的一句名言：“每个人都有天赋。但如果用会不会爬树来评价一条鱼。那么，这条鱼一辈子都会觉得自己很愚蠢。”说的都是同一个意思吧！找到适合自己的路，发挥长处，回避短处！我要好好想想我的长短处是什么。

12.3 两个古代赛马的智力题

晚上，我在笔记本上梳理着妈妈讲的知识点，觉得无论是赛马还是投资，都好难啊！又要“研究公司价值”来提高获胜概率，又要“理解市场定价”去找到低的赔率，真心不容易。我想着自己立下的“35 岁前实现财务自由”的理想，不禁咋舌，不知道能不能如期实现。

见到妈妈，我嘟嘴问她：“妈妈，‘研究公司价值’和‘理解市场定价’都好难啊！学不会怎么办呢？”

妈妈思忖了片刻，给我出来一道智力思考题：“在古代如果两匹马比赛，A 马羸弱，B 马雄壮，以十个元宝做赌注：

① 如果 A 马跑赢，能获得一百个元宝；

② 如果 B 马跑赢，只能得到五个元宝。

排除人为作假的情况，除非 B 马不慎跌倒伤了，99% 的机会都是 B 马赢，A 马毫无胜算。在这种情况下，你会怎么选呢？”

我一边思考一边说：“虽然 B 马赔率很低，但是 A 马基本上不可能赢，与其全输，买一个空的希望，还不如拿回五个，总比十个完全没

有的好。我买 B 马。”

“你这思路很对。投资也是一样，如果必须在‘获胜概率’和‘赔率’中二选一，那么‘获胜概率’更重要。也就是说，**当‘研究公司价值’和‘理解市场定价’，没办法两者兼得的话，认真学习如何研究公司价值是更应该做的事**。咱们投资，先要求稳，再去求赢。

做其他事情也一样。我们一辈子会面临大大小小无数的决策。**每次选择时，记得首先要选择大概率成功的事情**。就算有一些选择失败了，时间一久，也能积累很多好的结果。如果只冲着高收益（也即高赔率）而去，就算一开始因为运气好，成功了，也可能在之后的选择中全部失去。”

“哦！获胜概率比赔率更重要，我们要多做大概率成功的事情。”我赶快拿起我的小本本记下来。

妈妈说：“我们再来做一道思考题。”

“好烧脑啊！”我哀号起来。

妈妈不理我，继续说：“如果两匹马获胜的概率和赔率都一样，你会怎么选择呢？你会因为反正概率和赔率都一样，就全部买一匹马吗？还是，你会把钱，各投一半给两匹马？”

我想了片刻：“反正赔率和概率一样，分开买两匹，押中宝的机会要高一些。”

“升了中学后，果然就像大孩子了。比从前会思考很多。”妈妈赞许道：“股票也是一样的。就算两家公司获胜概率和赔率都一样，在两只股票上各投一半的钱比只投一只股票的风险下降了 35%~40%。**随着股票数目的增加，投资组合的风险会随之下降。因为不同股票的上下运动方向和幅度会彼此抵消。尤其是股票之间的业务相关性较弱的时候，分散风险的效果会更强。**比如，持有 10 只房地产的股票，就不如持有

5 只科技类、医疗类、日用消费品类、地产类和文化类股票构成的多行业组合的风险更低。

总结一下，‘研究公司价值’和‘理解市场定价’是股市获胜的两大关键因素。当我们无法两者兼得的时候，应该以‘研究公司价值’为主，同时通过持有业务相关性较弱的多只股票来分散风险。这也是提高获胜概率的科学理性的方法，而不是过度自信，觉得自己看准哪一只股票一定能赢，就全部押注在一只股票上。”

我慨叹道：“没想到，古代赛马和股票投资真有这么多相像的地方啊。”

本章练习

你的长处和短处是什么？仔细想一想，并写下来。

第13章 你以为你拥有了它，其实还没有

虚拟所有权

在物品上投入精力越多，感情越深，就算还没有真正拥有，也会产生已经属于自己的感觉。

视觉笔记“虚拟所有权”

爸爸说，计划要做得越细越好，校长才会支持。妈妈说，过度自信会让我以为计划已经做得很好，所以，在自己觉得满意之后，还要再加把劲儿。

心里虽然嘀咕着，我依言开始行动起来。我在纸上列下所有我能想到的事情：做计划，找校长沟通，找各个兴趣社团社长沟通，召集义工，画校园摊位平面图，打听阿媛组的情况，征集拍卖品……哇！越写越多！越写心里越慌，要做的事情实在太多了，我们行不行啊？我现在可是一点过度自信都没有了。真后悔当时答应了约定。

我涂涂改改了许久，脑子越来越混乱。最后，看着眼前的纸上一团乱糟糟，我忍不住哀号了一声，把笔重重地一摔，整个头趴倒在了书桌上。额头撞在桌面，发出"砰"的一声响。

平日里，看到大人们随随便便就组织了一场活动，没想到，自己做起来会这么困难。什么时候能有人能教我们应对这些真实世界挑战的好方法就好了。

13.1 详细的任务表

妈妈走过来看了看我涂抹得乱七八糟的纸，说："你这么做，方法不对。如果方法不对，事情就会越理越理不清。可以用Excel表格来整理，修改的时候就会比较简单清晰。你**把要做的事情一项项列出来，分好类，每件事写上期望达到的目标、需要完成的时间点、负责人、需要谁协助，再加上一个备注栏，用来写下需要注意的事项。**不用太精确，可以随时根据情况的改变，再调整和修改。"

我赶忙跑去捧来了电脑。有了妈妈的帮忙，我的底气顿时又冒了出来。

在妈妈的指导下，我列了一个长长的表，把我自己能想到的都先写了进去，剩下的就等与小伙伴们讨论之后再完善了。

妈妈还建议道："这么大的活动，光你们三个人肯定是不行的。等这个方案初步确定以后，可以组建一个七八人的核心工作组，其中一人负责总协调，其他人则是单个任务大类的负责人。

再争取让校长委派两位老师加入工作组，他们可以帮忙协调学校和老师的资源，也能在具体工作中给予指导。对了，还有家教会。家教会里的那些家长们都是组织学校活动的高手，手里有很多资源，你们争取了他们的支持，事情就简单了。他们都很热心，也有很多时间，肯定会帮助你们的。

咱们做事情，尤其是做复杂的事情，**要学会找关键人。这些关键人背后都有一群人。你争取了他们的支持，他们背后的一群人都能帮助你，这就叫四两拨千斤。**校长、家教会主席、各个社团社长就是关键人。"

"找关键人，四两拨千斤！这一点很重要！"我急忙把小本本拿出来，记了下来。

组织这么一场跟创业差不多的大活动，主要靠运气取胜，没地方给咱们练习，就要克制过度自信，靠科学、理性的决策方法，来提高获胜的概率。

科学理性的决策方法是什么呢？

我看看这张信息量强大的表格，这就是其中一种方法吧。列完这张表，混乱的思路变得清晰起来，工作任务、实施步骤、负责人也都变得一清二楚。果然，用科学理性的决策方法，比一味蛮干要靠谱很多。琪琪和阿东要到下午才过来，我已经迫不及待要跟他们分享我的这张表格了。

年宵活动计划表

类别	事项名称	期望的结果	目标完成时间	责任人	需要谁协助	备注
规划组	制作《年宵活动计划表》	输出PPT/Excel表	12月15日	舒乔	琪琪、阿东	越细越好
资源组	找校长沟通	校长同意方案并提供场地、人员支持	12月20日	舒乔、琪琪		
	找各个兴趣社团社长沟通	争取口述历史社团、创意手工社团等多个社长的支持	12月底	琪琪		
	召集义工	老师、校工、家长、学生最少需XX人	1月中	阿东	校长、家教会	
	征集摊位	……	……	……	各社团	……
	征集拍卖品	……	1月底	……	……	……
	……	……	……	……	……	……
筹备组	视频拍摄	……	……	……	……	……
	拍卖会总负责	……	……	……	……	……
	摊位总协调人	……	……	……	……	……
	……	……	……	……	……	……
物料组	列出各环节物料清单及负责人	……	……	……	……	……
	……	……	……	……	……	……
情报组	打听阿嬷组的情况	……	……	……	……	……

图 13-1 年宵活动计划表

果然，到了下午，他们看到这张表格后，露出目瞪口呆的模样，别提多有趣了。阿东就直接把他准备的那张方案纸给揉碎了。琪琪大喊：“这样能干的妈妈，请给我也来一打！”

我们热火朝天地讨论了整整一下午，表格的内容被不断地细化。

为了提高慈善拍卖的成功率，我们打算在礼堂入口处搭建一个**沉浸式的体验室**。邀请学校的创意手工社团的社友们一起帮忙，参考妈妈讲过的新加坡的慈善展，还原阿婆的居住环境——狭小杂乱的房间、昏黄的灯光、破旧的桌椅、跌打药酒的气味、播放吵闹的声音，找一个义工扮演阿婆坐在床边咳嗽。在拍卖会开始前，引导大家先逛一逛这个体验室，感染一下这个气氛，相信在拍卖时，他们一定会报高一些价格的。

讨论到这里，从前妈妈教我的那些知识点，一个个从脑子里冒出来。我索性拿出我的小本本，一边翻一边讲我的点子。

翻到**参考依赖**那一页，我跟他们简单地解释了一下概念之后，就建

议道："我们可以设定高一点的拍卖价，因为参考依赖，大家的出价也会更高。"

没想到，阿东居然摇头反对："拍卖价太高，又不能往下还价，只能向上加，大家会觉得不值，就不再参与了。"

琪琪也跟着反对："对啊！本来我们是做慈善。还是要大家心甘情愿的才好。"

我正要跟他们理论，妈妈进房间给我们送饮料和糕点，听到我们的讨论后，她说："阿东和琪琪说得很对。我们之前说的**参考依赖，虽然抢先给了他人一个高的参考价，但还会给对方足够的还价空间，两方都有自主权，最后，虽然能谈出一个相对的高价，但都是双方自愿的**。如果只能加、不能减，这个时候就不能用这种策略，否则一方就会觉得自己吃亏，而放弃出价。"

哦，好吧！原来还有这样的情况。果然，具体问题要具体分析，不能生搬硬套。我有些蔫蔫的。一直以来我都是同学中的小老师。这次我这个"小老师"当着大家的面被妈妈反驳了，面子上多少都有点过不去。不过，很快，我这点小郁闷就被妈妈的话给扑灭了。她说："我们可以用其他方法来'引诱'大家自愿出高价。"

我们异口同声问道："什么方法？"

13.2　虚拟所有权

妈妈一边思考，一边说："如果是在网上的拍卖，我们就可以用拉长交易时间来实现。可是，这次，你们是现场拍卖，这种技巧需要依赖主持人的功力。嗯。这对你们学生来讲，有点难把握。"

"网上拍卖？这是个好主意！"阿东一拍桌子，站起来就说："我

们可以同时进行线上和线下的拍卖活动。这个很简单。我在雅虎拍卖过我的游戏装备。”

我还在琢磨着妈妈的话：“为什么拉长了交易时间，大家就会出高价？是因为时间越长，参与的人就越多吗？”

妈妈摇头道：“这里牵扯到人类的另外一种行为偏差，**叫作‘虚拟所有权’效应。”**

“‘所有权’是什么？这个我知道。”今天的阿东很兴奋，话也比平常多，他指着桌上的电脑说：“这台电脑是你的，你就拥有这台电脑的‘所有权’。可是，‘虚拟所有权’又是什么呢？就像我在游戏里面拥有的那些武器装备吗？”

妈妈解释说：“**‘虚拟所有权’是指你还没有真正拥有这台电脑，但是，你心里已经下意识觉得这台电脑是你的了**。”

“还能这样？”我疑惑道。

“阿东，你试过从网上拍卖买东西吗？”妈妈问。

“当然买过。我好多游戏装备都是在网上交易的呢。”阿东答，带着点小得意。他可是我们这群人中的游戏专家。

“那你肯定会有深刻的体会。如果今天你在网上看中一款装备，你参与了出价。假设这个时候你的出价最高。第二天，你再去上网一看，还是你出价最高。第三天，依然如此。这个时候，你是不是会开始想象，当你拥有这款游戏装备的时候，你将如何披荆斩棘、勇斗恶魔？”

阿东一边听，一边点头。

“这个时候，在你心中，慢慢就形成了对这款装备的‘虚拟所有权’。可是，隔了几天，你再一次上网，突然发现，有一个网友排在了你前面，他的出价比你的只高了那么一点点。你会不会就一生气，不管当初你留

了多少预算，都会加价，只比他再高出一点点？”

阿东不禁脱口而出：“没错儿！就是这样！”

“如果你们调出网上拍卖的历史出价记录，就会发现很多拍卖价格都有一个螺旋上升的现象。而且，**网上拍卖时间越久，这种‘虚拟所有权’对竞拍者的影响就会越大，价格也就会被拉得越高**。那些出价最高，参与时间最长的竞拍者，也是‘虚拟所有权’感觉最强烈的人。”

阿东恍然大悟：“原来如此。听你这么一说，还真是这么回事儿。”

“为什么会这样呢？”琪琪问。

“**因为我们在一样东西上投入的时间精力越多，对它赋予的感情就越深**。”妈妈看向我，说：“还记得我们讲‘沉浸式体验’时，举了宜家家私的例子吗？**宜家还有一个出色的营销方法，就是让你自己组装家具。**宜家不仅因此节省了劳工费。更重要的好处是，当你一个螺丝一个铆，看着图纸一步步把零件组装成成品的时候，你就在这件家具上投入了很多心血。这件家具，就会与家具店摆放的样品完全不同——它就只属于你。看着你自己的作品，你会有很大的成就感和自豪感。这件家具在你心中的价值就超过了它的市场价格。”

“难怪那么多人喜欢宜家呢！”琪琪感叹道，“我记得《小王子》书里面，小狐狸照顾自己的玫瑰花，也说过类似的话。因为它照顾了那一朵玫瑰花，所以，那朵玫瑰花就跟别的玫瑰花不一样了，就变得特别重要。”

我也记得《小王子》里的这一段。**原来很多人喜欢一件物品，并不只是喜欢物品本身，而是喜欢自己在这件物品上投入的时间精力和情感。**我突然想起那个身影。我喜欢他，是不是因为我在他身上投入了太多心力，而不是真的喜欢他？

阿东的提问打断了我的胡思乱想：“虚拟所有权，除了在网上拍卖

上应用，还有别的用法吗？”

“很多店家会提供能够**‘7 天不满意全额退款’的服务**。你猜，有多少人会真的在 7 天退货退款？”妈妈停了片刻，见我们都摇头，才继续说：“如果很多人真那么做了，店家就会亏本。商家哪里会做亏本的生意，自然也就不会再提供这项服务了。现在我们还能到处看到‘7 天不满意全额退款’的标志，说明并没有很多人真的在 7 天内退货。”

“是哦。”我们说。

“因为我们买东西的时候，一开始觉得不过是‘试用’几天，但用着用着，就会产生‘虚拟所有权’，内心下意识觉得这真的是自己的了。”妈妈说。

“还会这样想？”琪琪惊讶道。她难得听我妈妈讲知识，像我一开始那样，总是一惊一乍的。

“我怎么没感觉到呢？”阿东问。

我帮妈妈回答：“**人类行为偏差都是在不知不觉中发生的，要是你能察觉到，就不会有这些偏差啦**。”

妈妈笑着点点头，继续说：“更明显的例子是**电话套餐**、网络数据套餐、互联网平台会员，他们都会提供会员专享试用。用免费或特别低的价格，吸引你试用一个月。虽然说，我们随时可以取消这些套餐，但是很多人用完这一个月，就自动续约了。因为懒惰和惯性，懒得去取消或忘记去取消，是其中一种原因。另外一种原因就是享受到了好的服务，对这些更优的服务有了‘虚拟所有权’，要剥夺的时候，会产生损失感，会不开心，从而下意识阻止你去取消这些服务。”

我看了看阿东和琪琪，他们都是一副半信半疑的表情。我耸耸肩，等他们多上几堂妈妈的私教课，就不会有这么多怀疑了。

“也就是我们可以在年宵市场开始前就在网上进行拍卖，把拍卖的时间拉得长一些。对吗？”我把话题拉了回来。

“这个事情很简单，我来负责。”阿东自动请缨。

“那么现场的拍卖呢？有没有可能也利用这个方法？”琪琪问。

妈妈摇头：“现场时间太短，很难形成‘虚拟所有权’。不过，有其他的方法可以让大家愿意出更高的价。”

我们齐齐追问：“什么方法？”

13.3　展示的技巧

妈妈看着我，说：“你喜欢喝奶茶。如果一杯奶茶的名字叫作‘黑糖波波奶冻翠玉抹茶’，另外一杯的名字叫作‘抹茶珍珠奶茶’，你们会选哪一杯？”

琪琪和我不约而同地答道：“当然是前面那杯啦。”

阿东也点头，不过他加了一句：“波波是什么？翠玉又是什么？”

“其实两杯是一样的。只是取的名字不同。在喝之前，虽然我们不知道到底哪一杯好喝，但是**详尽深入的描述，会引导我们提高对事物的期望。**这一招儿，虽然简单，却非常好用。”妈妈说。

“明白了。到时候，我们给每一个拍卖品都取一个好听的名字。”琪琪说。

“名字可以简单，朗朗上口。但**对物品的解说要多些细节，多做些包装和美化**。”妈妈说，“同样一幅油画，简单读一下画和画家的名称，也算完成任务了。但是如果你们再讲一讲这幅画背后的故事，比如画家

有没有什么打动人心的经历？他 / 她当时为什么要画这幅画？这幅画与别的类似风格的画相比有什么特色？那么大家就会对画更有兴趣。”

“嗯嗯。给拍卖品增加详尽深入的描述。我记下来了。”我一边点头，一边在我的“年宵活动计划表”上添加了一行。

“还有，同样一杯奶茶，你用白色的一次性塑料杯子装，还是用精美的镶金边玫瑰花英式茶杯装，哪个让你更愿意出高价？”

“那还用说？”我又在计划表上添了一笔：“用漂亮的容器摆放展品。”

“**细节决定成败，不要忽略这些小事，不要低估展示的技巧。**美食不如美器。你们去网上找一下那些国际知名的拍卖会视频，哪一件展品不是放在精美的容器里？哪一件展品没有详细的描述？”

“好主意。我们可以去看看那些大拍卖会是怎么操作的。”琪琪如是说。

“如果我想要我的书卖得更好，我就会去找一些专家来写推荐。人们看了他们的推荐，就会有更大的意愿来买书。”妈妈继续建议。

“对哦！我们可以找老师或社团领袖来给我们的拍卖品写推荐。”我提议。“还可以做成大幅海报，提前几天贴在学校公告栏，特别宣传一下我们即将拍卖的物品有什么特色，再配上诱人的图片。赞！”

“不光是拍卖会的海报。每个摊位，我们都可以建议负责人这么做。”琪琪说。

“感觉我们即将赚很多很多钱了！”阿东傻呵呵地直乐。

“赚什么钱啊？！”琪琪拿手里的纸狠狠地拍了一下阿东的后背，“我们是在慈善捐款。”

阿东不以为意，继续咧着嘴笑着说：“有了这个技巧，以后咱们要真去赚钱的话，可不就容易多了嘛！”

“那是！”我得意道，心里又补了一句，“这可是我妈妈提出来的建议。”

妈妈鼓励了我们几句，就离开了房间。之后，我们又讨论了很久，直至夜幕降临，琪琪的妈妈打电话过来催促，我们才结束了今天的讨论。他们离开的时候，我们三个人都对这场活动充满了信心。不知道阿媛那组有没有具体的打算了？

本章练习

周末出去逛街，观察一下商店中，同类物品的包装、解说词和价格有什么不同，思考一下自己想要购买的欲望是否受到了影响。

第14章 艺术品，你是真喜欢，还是假喜欢

视觉笔记“美食不如美器”

又是新的一周。

冬日的太阳像是蒙着一层橘黄色的纱笼，柔柔地照在身上，一点都不热。小息时间，我们仨又在操场边的大树下碰头了。

一见面，阿东就满怀羡慕地说："你妈真厉害，什么都懂。昨晚我回家跟我爸妈一说，他们都让我平时多找你妈妈学习知识。"

"那是自然！"我高兴地扬了扬头，"昨晚你们走之后，我妈还跟我讲了一个实验。"

"哈？还开了小课啊？快说快说。"琪琪催促着。

"我妈说，这是一个真实的实验。据说，有一位世界级的著名小提琴家假扮成一位街头艺人，在上班高峰期时，在华盛顿市区的地铁站，演奏他最出名的一个曲目。他想看看到底有多少人会停下来欣赏他的演奏，又有多少人会给他投下赏钱。在整个演奏期间，大约有2000人从这个地铁站经过。你们猜结果怎么样？[①]"

14.1　失望的小提琴家

阿东撇撇嘴说："上班高峰期的话，恐怕没有多少人会停下来吧？"

琪琪摇头反对："西方人都很喜欢音乐的。我出去旅行碰到过好几次街头艺人表演。每次周围都围了好多人。那个小提琴家是美国人吗？他很出名吗？"

"是的。很出名。他是美国人，在美国的华盛顿地铁站演出。"我继续说道，"他用了一把价值350万美元的小提琴，演奏了整整45分钟。而就在实验的两天前，他刚刚在波士顿演出，所有演出门票都卖光光了，

① 该实验由《华盛顿邮报》在2007年冬季组织，参与的小提琴家是约夏·贝尔。

每张票要 200 美元呢。”

“那应该会有很多人认出他来吧？”琪琪问，“只要有人认出来，围观的人就会越聚越多。”

阿东皱眉想了想，点头认可：“有道理。”

“我猜……2000 人的话，至少有 1/3 停下来听吧？那就有 600 多人了？一张票要 200 美元呢，每个人扔下 2 美元，不算多吧？那么，就是差不多 1200 美元。”琪琪很快算了个数出来。

阿东还是要保守一些：“我觉得 600 美元差不多了。”

我哈哈一笑，完全忘了昨晚上的自己也猜得差不离，得意扬扬地揭晓答案：“不是 600 人，而是，只有 6 个人。”

“6 个？”其他两人都惊讶地张大了嘴。

“而且也没有 600 美元，只有 32.17 美元，其中 25 美元，还是为了吸引大家打赏，工作组自己放进去的。也就是说，大师只赚了 7.17 美元。总共有 25 人给了钱，但停下来听的人只有 6 位。”我说。

“那里莫非是贫困区？大家没听过什么古典音乐？”琪琪问。

这个问题，昨晚我也问了妈妈。她说：“那个地铁站位于华盛顿的中心，周围来往的都是公务员、分析师、项目经理和好多专家顾问。”

“为什么会这样？”陈东不解地问。

“原理就是我妈昨天讲的：美食不如美器。**大家对艺术、美好的感知，受到环境的极大影响。**”我一边回忆昨晚妈妈的言语，一边复述道：“如果大家是在挂满红丝绒窗帘的音乐厅里，开场前喝了杯甜甜的香槟，周围的女士们穿着长及脚踝的晚礼服，环佩叮当，还能闻到她们身上的香水味，男士们西装笔挺，温文有礼，这个时候，就算是一个二流的小提琴师，也能让大家拥有一个美好的夜晚。类似的还有那些国际

大师们的画作，如果蒙娜丽莎只是随便搁置在一个街边商铺的角落，大多数人都不会觉得她有多么的美丽动人，也很难体会出来她的笑容有多神秘。”

琪琪耸耸肩，说：“我就从来没觉得蒙娜丽莎美过，不知道为什么大家都说她美。”

我继续说：“不光是艺术品，普通的商品也是一样的。我妈妈说，有一位意大利珍珠商人，在一个不知名的小岛附近开采到了大量黑珍珠。那个时候，大家从来没有见过这种色泽灰暗、大小不一的珍珠，很少有人愿意买。后来，这位商人花了一年多的时间改良了黑珍珠的品种，让它们长得又圆又大。又把黑珍珠与昂贵的红宝石、蓝宝石和钻石等奢侈品放在一起，标上昂贵的价格，同时，在奢侈品杂志上大卖广告，请明星们代言。很快，原来一文不值的黑珍珠，摇身一变，成为稀世珍宝，从此畅销起来。”

“黑珍珠还有这样的历史？我姨妈有一串黑珍珠项链，还当作宝贝放起来。她要知道这个故事，肯定不高兴。”琪琪说。

我接着卖弄着从妈妈那里听来的例子：“同样一瓶矿泉水，在五星级酒店大堂买，还是在街边小摊上买，价格就会相差很多。虽然说因为酒店的装修和人工更贵，但是，关键是作为顾客的我们也愿意去支付更贵的价格呀。我们的消费意愿和愿意支付的价格，在不知不觉中被影响着。我们需要做的是学会这种影响人的方法。”

阿东还在想之前的话题，他打断我，问：“上次我看到咱们学校乐队在公共场所表演，就有很多人围着看。也只是街边，不是高档场地啊。”

我想了想，猜测道：“也许因为那是游客区，大家在那里闲逛，没有着急的事情。小提琴家是在上班时的地铁站，这一点，肯定有很大区别。”

“一个人孤独地在拉小提琴和一些年轻人又唱又跳的，热热闹闹的，感受完全不同。很多人都是图个热闹，不一定懂音乐。”琪琪说。

我点点头：“我妈说：**大多数没有专业知识的普通人，都是通过专家的介绍、周围的环境，来建立对艺术品的感知。**所以，要想得到大家的好评，咱们可以先去找一些专家来帮忙美言几句，再营造一个精美的衬托环境，就能拍出好价钱啦。”

琪琪建议：“咱们可以邀请校长和家教会主席来推荐。”

“各个兴趣社团的团长也行啊！电竞社团就交给我啦。”阿东自告奋勇。

“咱们拍卖会主要针对家长，还是孩子啊？校长和家教会主席的推荐，对家长比较有效吧？社团团长的推荐对学生比较有效。”我问。

“那就多邀请些家长吧，家长比较有实力。”琪琪说。

“同学们肯定会对拍卖很感兴趣的，也一定会有很多同学参加。你可别小看孩子们，他们出价不一定会低过大人。你们不知道，抢了我好几套游戏装备的，都是孩子。”阿东反驳道。

我想了想：“琪琪刚刚说，**大家都是为了图热闹**。我觉得，咱们这次活动和我妈妈说的那些拍卖会还不一样。她说的拍卖会都是高档艺术品的拍卖，所以，一切配套要精美、要华丽。咱们这个达不到那么高的规格，我觉得，热闹的气氛可能更能带动大家参与。”

“是呀。都是年轻人，朝气蓬勃，红丝绒的效果肯定比不上摇滚音乐。”言毕，琪琪都开始扭动了起来。

我摇头反对：“摇滚肯定不行，太闹了。场上气氛不容易把握。而且，咱们入场时候不是还做了一个沉浸式体验屋嘛？他们好不容易沉入了那个氛围，一摇滚情绪全部跑掉了。”

阿东说：“**音乐肯定是一个重要的环境因素**。我去问一问乐队的朋友，看他们有什么好建议。”

14.2　合并的团队

我推了把琪琪：“你去他们那边打听得怎么样了？”

琪琪嘿嘿直笑，得意道：“家豪说，他们打算给山区的孩子筹集文具，还没有来得及讨论具体细节呢。跟咱们的，可没法比。”

“咱们这么大的活动，动静肯定大。得防备着他们听说了我们的方案之后，改计划。”我提醒她。

“对啊。咱们的活动太大，消息是守不住的。”阿东迟疑了一下，说：“其实，没必要一定要分个高低。咱们三个肯定忙不过来。不如邀请他们一起加入。”

琪琪大声反对：“这怎么可以？”

我说：“我同意阿东的建议。这个约定本来就有些莫名其妙。做慈善是好事，又何必去定输赢？况且，这么大的活动，靠我们三个肯定顶不住。核心工作团队至少还要加五六个人。找一些不熟悉的人帮忙，还不如他们三个这么互相了解的，配合也默契些。”

“我妈妈常说，不能有二元思维。对的反面不一定是错；出了黑和白，还有各种各样的灰；输和赢也是，除了你输我赢，我赢你输以外，还有双赢……**这个世界是错综复杂的，我们要主动去想双赢或多赢的解决方案。只有大家都获利，这个方案才会更容易推进，更容易成功**。”

我努力说服琪琪：“况且，我们能想出这么大的方案，这么多的细节，

就已经很了不起了。把我们两边的方案摆在台面上比一比，我们就已经赢啦。这个时候，你抛出橄榄枝，人家只会觉得你大度，有大将之风。”

琪琪不吭声，也不表态。

“要不咱们投票？”阿东乘胜追击，高高举起右手，说：“我赞成两组合并。”

我当然也毫不迟疑举手赞成。

琪琪别过脸去：“我可不会去跟他们说。”

她这意思就是同意了？

我打趣道：“我去说，最后这事儿就算确定了。

接下来的事情，就简单了。我去找阿媛聊。他们正头疼着呢。当初提议的时候，说得轻松，真正做起来，一团乱麻，无处着手。心里也正后悔着。我一提出取消约定，邀请他们共举大事，他们都高兴得不行。

阿东把他们也拉入了“慈善小分队”微信群。我们八人工作组就算正式组建完毕了。我们六个核心骨干，义工哥哥和便利店小姐姐是顾问。当然，我背后还有我的智囊——老妈。

接下来的整整一个星期，我们都在不断完善方案细节，还把方案做成漂亮的 PPT。多了三位生力军，情形果然大不同，很多事情能顺利推动起来了。我想起妈妈说过：“人也是生产力。”诚不欺我也。

义工哥哥建议我们制作一段视频，去采访几位老人家、拍摄他们的居住环境、询问他们的需求。他说：**视觉感受比文字更有力**。这段视频可以用来说服校长，也可以在拍卖开始前循环播放。这个建议很棒。我们讨论后决定由我和加恩负责视频的拍摄，阿东负责后期剪辑和配乐。

义工哥哥还提醒我们，活动一开始需要一笔启动资金，最少也

要准备三四千元，用来制作海报、印刷传单，以及补贴工作人员的车旅费等。果然有经验的人想得就是周到。我可是一点都没有想到钱的问题。

他说：如果学校能赞助，就最好了，否则就要找几个机构赞助。一般来说，机构可以提供现金资助或者直接给我们物资。相应的，我们可以在活动中提供广告位，或者让他们冠名摊位。

义工哥哥会帮忙问一些相熟的非营利机构。家豪和琪琪就主动承担了游说商业机构的任务。

便利店小姐姐提出了新问题："所有环节都牵扯到'钱'，摊位没有足够的零钱来找换怎么办？都是学生，钱银交易出错了，会不会引起纠纷？"

这的确是一个头疼的问题。最后，我们决定印刷一批当日专用的代币。入场前，所有同学必须先用现金兑换所需数量的代币，离开时把没有用完的代币兑换回现金。所有物品的标价也必须以单个代币为基本单位，必须是代币的倍数。所有摊位收到的代币，直接塞入募捐盒中，不能拿出重复使用。代币和宣传材料的设计，就由阿媛负责了，她画画特别棒。

终于，我们的方案PPT准备好了，可以去见家长了——不，是见校长。希望一切顺利，他会喜欢和支持我们的方案。

本章练习

去观察一场街头表演，看看吸引大家驻足停留和捐款的影响因素有哪些？把它们写下来。

第15章 面对困境，是抱怨，还是出走

视觉笔记“越用心收获越大”

哦！我忘记了中间还有一段小插曲。在见校长之前，我们还做了一件大事。

根据之前的安排，我和加恩负责拍摄视频。那天，我在家里给加恩打电话，约她一起拍摄视频的时间。妈妈在一旁听到了，便问我：“你们打算怎么拍这个视频啊？”

“先过去看看再说吧。去现场找找感觉。”我耸耸肩。我们并没有仔细思考这个问题。在我心里，拍视频也就是拿着自己的手机，去阿婆家拍一下房间里的状况，采访阿婆，问问她日常的生活，遇到有什么困难，最多再拍一拍小区周围的环境。

15.1 预则立，不预则废

妈妈听了直摇头，说：“要想这视频更有吸引力，不能这么随意，想到哪里就拍哪里。你们必须先理出思路。**拍视频，跟写作文差不多，要有中心思想**，也就是你这个视频想要表达什么主题。”

“我们有中心思想啊！中心思想就是阿婆的生活很惨，需要大家的帮助。”我反驳道。

“**围绕这个中心思想，你们会分几个要点来阐述**呢？”妈妈问。

“她的房子很惨、最近还生病了……”我突然想到一个好主意：“我们可以采访一下便利店的小姐姐，让她讲一下那天我们救阿婆的经历。”

妈妈点点头：“不错。素材丰富了一点。还有呢？”

还有什么？我挠头我想了好一会儿，都没有答案。只好说：“也许到了现场，看到周围的环境，才能想到更多的点。”

“那你们可以在拍摄前，**先去现场观察体验下**，看看有什么灵感。等方案订好了，再正式去拍。”妈妈建议道。

好主意！我怎么没想到呢？我一会儿就去约加恩。

“你们筹集的捐款，只给阿婆一个人吗？”妈妈问。

我摇头：“不是的。我们是为那些跟阿婆遭遇差不多的老人家们筹款。”

妈妈说：“那就是了。采访的时候，可以**多采访几位**，男士、女士，有家庭的、一个人的，**类型丰富一点**。”

我忙不迭地点头：“可以找隔壁那位老爷爷，上次我们去阿婆家，没去他家，他好像还有点不开心。”

妈妈继续建议：“除了这些被捐赠者，还有那些福利机构的工作人员，可以请他们**从第三方的角度**来分享，说说他们认为老人家最需要什么，他们在帮助这批老人家的过程中遇到什么困难，有什么感受。”

我赶忙去找来纸笔，把刚刚的建议一条条都写下来。等我都写完了，妈妈继续说：“我跟你讲过要多层推理，**除了看到现状以外，还要多想几个为什么**。为什么这些老人家会遇到生活的困境呢？这些原因里有没有什么共同的地方？你之前提过阿婆的遭遇——她因为之前从事的工作转移去其他地方，从前的工作不能维系了，这可能是一个共同的点。还有什么？针对这些共同的原因，有什么方法能帮到他们吗？那些福利机构也是，他们为什么会遇到那些困难呢？有解决的途径吗？”

“哦！好详细呀！”我哀号起来。本以为就是简单地拿着手机左拍拍右拍拍就行了。一到妈妈嘴里，就变成了一项浩大的工程了。

妈妈还在絮叨：“只有这样，你的视频才会有深度，才能从普通的视频中脱颖而出。”

嗯嗯嗯。我无奈地点头，内心却在嘀咕：有必要什么事情都这么高的要求吗？

想来是注意到了我那无精打采的模样。妈妈叹口气，停顿了片刻，才又安慰我："你想啊！你这视频多重要啊！能不能打动校长，让他支持你们整个方案？能不能鼓动大家多掏钱出来捐助？这些都得靠这个视频呀。如果只是一个无聊的视频，大家看了只打哈欠，一会儿就走开不看了，你们花时间精力去拍视频，又有什么意义呢？不是白费功夫吗！既然做了，就要做好，就要能够产生效果。况且，人家看了这个视频，也会问：'这是谁做的呀？好厉害呀！跟电视里的专业纪录片差不多水准呢！'"

听着妈妈哄小孩的口吻，我忍不住扑哧笑了出来。心想我现在也是中学生了，哪里还需要被这么捧着？转念一想，妈妈也真不容易，又要给我出主意，还要照顾我的情绪。于是，我又强打起精神来，认真地看向妈妈，说："谢谢妈妈！你说的对。既然是我负责的视频，我就要好好做！您继续说，我都记下来。"

妈妈高兴地笑起来，搂住我肩膀，头靠着我的头，跟我说："好孩子！学习，可不仅仅是学课本上的知识。组织这么一场大活动，学到的东西可不比算算术题、背课文知识点少，而且更综合、更实用。课本上的知识点，是孤立的、死板的。**而组织一场活动，是让你去解决一个实际的问题，能帮助你把学过的各类知识综合调用起来。**咱们学习为了什么？不就是为了解决问题么。只有靠能不能解决问题，才能验证你到底学得好，还是不好。

拍视频，你可以简单地用手机拍几个画面，完成任务，也可以做出一个精彩纷呈、引人深思的作品。**你对自己要求越高，越花心思，完成同样一件事情，你的收获才会越大。几年下来，虽然你跟你的同学们花了同样的时间，做的也是差不多的事情，但是，你的成长就会比别人多**

很多，你也会比同龄人更成熟，以后踏入社会，做起事情来，也就更驾轻就熟。”

一直听人说：“时间最公平。因为无论贫富贵贱，每个人都是一天 24 小时。”可是，就算是家庭背景、生长环境都差不多的人，到后来，成就也会有天渊之别。也许，就是妈妈说的这个原因——在做事情的时候，因为用心和不用心，最后的收获不同。一件事看不出来效果，几十件、几百件事情之后，两个人之间的差距，就会越拉越大吧！

想到当初我那草率的打算，不禁有些不好意思起来。我对自己的要求实在是太低了，以后一定要多用心，我在心中暗暗鼓劲儿。

妈妈还在继续说：“怎么样吸引人的注意，打动人心，是一门大学问。当你掌握了这个技能，以后你做什么事情，都会更加游刃有余。这也是我为什么支持你们搞这场活动，还给你们出这么多点子的原因。把活动的每一个环节思考周到，尽力去做，最后总结经验教训。你们会比学一整个学期的理论课还有更深入更多元的收获。”

我想：这也算是一种“沉浸式”教学吧？或者就是现在流行的“体验式”教学法？

那个暖洋洋的冬日午后，我们母女俩又讨论了很多关于拍视频的细节。最后，妈妈总结陈词：“总之，**在目标上，要专注于你的问题，不要跑题。在手段上，要调用多元的知识和方法，让素材和表现方式更丰富。**”

第二天，我与加恩一起拜访了学校口述历史社团的社长和学生电视台的台长。他们都给了我们很多很好的建议。尤其是**口述历史社团**的社长，他对阿婆的故事很有兴趣，决定跟我们一起去拍摄。

拍视频与写作文果然有很多相似之处。我们先列出拍摄大纲，再思考往里面填什么内容，用什么修辞手法或展现手法来把这些内容表达出

来。在去拍摄之前，我们心中已经有了视频的大致轮廓和画面。拍摄那天，只是把心里的画面转化成现实罢了。

从前，老师常说“凡事预则立，不预则废”，我都不以为意。这一次，是真正的体会到了详细计划的好处。我暗暗决定，**以后做什么事情，都要好好计划，先想清楚，不要急着动手去做**。

因为有了之前详细的拍摄大纲，一切算是水到渠成，顺畅得很。我们到底用了多少时间完成拍摄的？我们都不记得了。当时，我们什么其他的都没想，只是想着把视频拍得越丰富越好。

中途休息的时候，才感觉到累。大家“横七竖八”地瘫软在福利机构门口的长凳上，冬日的暖阳照在我们身上。斜对面有两位老奶奶，一边在打毛衣，一边低声聊天。偶尔抬头看向我们，朝我们微微一笑。远处传来一两声鸟叫声，整个画面惬意而满足。

15.2 主动改变自己，顺应发展

回到家，等不及阿东的剪辑，我就拿着拍摄的原片给妈妈看，兴高采烈地分享我们一天的经过。

果然，如妈妈所料，从事的工作大范围转移是几个老人家生活发生反转的共同点。

“那个口述历史社团的社长真厉害，采访起来特别有经验，引着几个老人家滔滔不绝地讲。我都去阿婆家三次了，了解到的信息都不如他问几个问题知道得多。”我感慨道。

听完我的讲述，妈妈叹口气，说：“一个企业、行业都有自己发展的周期，有兴旺的时候，也有衰败的时候。身处于其中的个人，要懂得

跟随这个趋势及时调整自己的方向。俗话说：树挪死，人挪活。**我们个人的力量很微小，难以抵抗社会的发展大势，既然如此，就要懂得主动改变自己，去顺应社会的发展，而不是只会抱怨，坐以待毙**。”

我皱皱眉。感觉妈妈的思维和我的不在一个频道啊！

踩准趋势，不就是最大的运气吗？妈妈说过，我们可以主动去提高运气。她是说这个意思吗？正要进一步细问，只听妈妈说：“历史上，有很多次类似的‘人多地少’或‘当地经济不景气’的情况。都有一批勇于突破自己，去其他地方寻求机会的人出现。他们不仅给自己争取了求生的机会，还在世界历史上留下了浓墨重彩的几笔。”

又有故事听了。我搬来小板凳，乖乖坐好。

妈妈说：“清朝末年，因为康乾盛世，社会安定，经济繁荣，人们的生育率高于死亡率，人口就越来越多起来，慢慢也就形成了人多地少的情况。如果有一年，遇到洪水或干旱等大自然灾害，人们的生活难以为继，就可能出现人口的大迁徙。也有因为当地的传统经济受到西方外来工业冲击，很多人失业，人们前往东南亚开农庄、挖矿山和修铁路等的**现象**，这都是几千万人的大迁徙。

咱们读历史，可以从中学到很多经验教训。如果本地有大批工业转去其他地方，很多人也跟着去其他地方闯荡。如果他们还具有更丰富先进的商业经验和更国际化的视野，那么在其他地方有着难以取代的优势，很多人因此积累了丰厚的财富。相反，那些留下来的大多数人，却生活得越来越艰难。”

“原来是这样。”我说。

“如今，各地经济正欣欣向荣、蓬勃发展。我们可以主动走出去。还记得我们‘可以通过一些方法来提升运气’吗？”妈妈问。

“记得。我刚刚也想到了。”我点头答道，“我们可以主动去结交

一些有正能量的朋友，给自己创造一个‘更容易产生好事’的环境。如果当初阿婆和老爷爷也主动找一个有更多机会的环境，那么现在的情况就可能不会这样，是吗？”

妈妈慎重地说：“没错。记住老人家们的教训，这也许是你这次活动最重要的收获——主动改变自己，顺应发展，**当环境不利于你的时候，应主动去找另外一个更有利于你的环境。**”

15.3 平局

“对了。还记得我和琪琪的那个约定吗？阿婆到底幸福，还是不幸福？我们这一次顺便问了阿婆。你猜结果怎么样？”我朝妈妈眨眨眼，止不住地得意。

妈妈笑答：“看你这副模样，肯定是打赌赢了。”

“也说不上赢了。” 我嘿嘿一笑，把当日改了打赌标准的事儿一一讲了。果然，和妈妈估计的一样——“**人对周围环境有适应性**”，阿婆并没有觉得自己特别不幸福，也没有觉得自己特别幸福，她选择了代表幸福感一般的中间数 3。也就是说，我和琪琪打了个平局。我又忍不住嘿嘿笑了几声，至少自己没有输。

“所以说，**幸福感和富不富有并不成正比**。问你个问题：如果弟弟在玩积木，玩了一阵子，觉得很无聊。怎么样才能让他觉得不无聊呢？”妈妈又开始了新一轮的讲解。

“给他换别的玩具。”我答。

“还有其他方法吗？如果家里没有钱，只有那副积木，怎么办呢？”妈妈问。

我想了想：“我可以教他用这个积木玩更多的花样，搭更多造型，

或者角色扮演讲故事。”

“没错。”妈妈点头称赞，“换新玩具，就像增加财富，有可能让人更幸福。但是，用同一套积木玩出更多花样，也是一种提高幸福感的方法。**人一辈子幸福与否，不一定与有多少钱有关系，但每个人内心的选择，也很重要。**这也是妈妈为什么一边在教你投资理财[①]，一边在教你如何做选择的缘故。当你熟悉了人性的行为偏差，跳出这些偏差去做选择的时候……”

我忍不住打了个大大的哈欠。

当晚，我躺在床上，看着窗外浑圆的月亮。那如水的月光，温柔地包裹着我的床铺。我想着一整天满满的收获，不知不觉睡着了。在梦里，似乎那柔柔的光辉一直在闪耀着。

本章练习

去网上找一找“闯关东”“下南洋”的资料，体会当年前辈们为突破困局所做出的努力。

① 参见艾玛·沈的《高财商孩子养成记》。

第16章 老土的音响，换还是不换

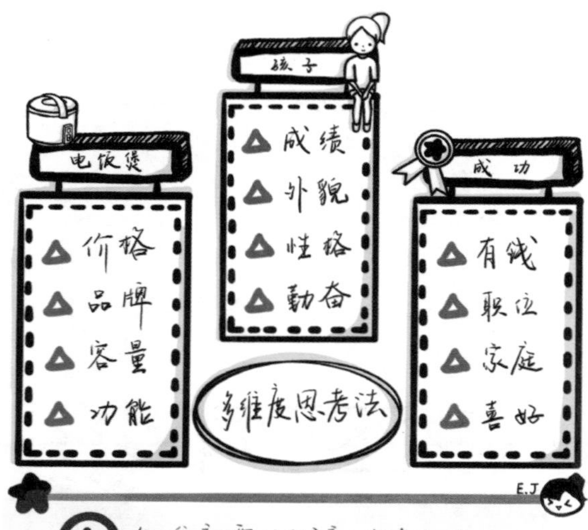

1. 各维度要求越高，价格越贵。
2. 抓重要维度，放弃其他维度，大大降低价格。
3. 贵的，不一定适合你。
4. 别人觉得好的，也未必适合你。

视觉笔记“多维度思考法”

第二天傍晚，爸爸回家的时候，扛了好大一个箱子。

“这是什么大家伙儿呀？”我赶忙上前帮忙。弟弟小胖则乐颠颠地围着爸爸直转。妈妈也凑了过来看。

“这是音响。让咱们看电影、听音乐时，音色效果更好的。”爸爸一边拆箱，一边乐呵呵地解释，“店里，总共有两套音响，价钱差不多。另外一部时髦一些，跟咱们家的装修风格很搭。但是，音质没有这一部好。听起来，要差一些。这一部，虽然款式有点老土，但是，音响最重要的不就是音质么！所以，我还是选了这一套。”

等爸爸把包装拆了，我打量着这个银灰色的大箱子：上面是几个像灯泡一样的玻璃管，侧面是金属按钮，两边各有一个深灰色网状大喇叭。

小胖发现箱子里的不是他想要的玩具，失望地走开了。我瞧了瞧四周的电视机、背景墙、沙发和柜子，说：“不算特别难看，就是有点怪，和周围的环境不太搭。”

“那一部音色差很多吗？”我看见妈妈的眉毛都纠起来了，听上去也有些不高兴，“价格差不多，音质应该也不会差太远吧？”

“来咱们一起听听。你听一下就能体会出来啦。”爸爸边说，边放进一张唱片。

“是谁，在敲打我窗……”歌声如瀑布，倾泻而出，让午后的时光，显得无比慵懒。我去沙发上躺下，闭上眼睛听着。真是比从电视机里冒出来的声音要好听多啦！

一首曲子放完，我睁开眼睛，一眼看到矗立在那里的大块头，心咯噔了一下，还是觉得这个音响很突兀。

“也许，看着看着就能习惯了吧。”我想。站起身，我伸了个懒腰。

16.1 多维度思考方式

爸爸沮丧的声音从书房里传来："知道啦！知道啦！'音质好不好'是**不容易被评价**的因素。**单独评估**的时候，一般人根本听不出来。'外表款式'才是**容易被评价**的因素，非常显眼。好在有14天免费退换保障，我去店里换另外一台好了。"

我推门进去，只见妈妈在收拾桌子，爸爸在一边站着，耷拉着手。

看到爸爸失落的表情。我问："你们在说什么呀？真的要换音响吗？虽然丑了点，听上去很好啊。"

"你妈刚刚又给我上了一课。"爸爸朝我撇撇嘴，做出一副无可奈何的表情，瞧见妈妈瞟了他一眼，话风立刻反转："来来来，这个知识点很重要，我给你讲解一下。"

爸爸说："每一件东西都有很多个评价维度。"

我打断他道："我知道！不就是**多维度思考方式**嘛！妈妈跟我讲过了。"

"什么时候讲过的？"爸爸问。

我说："有一次，妈妈带我去超市买电饭煲。她让我在一排货架上帮她选一个。我转了几圈，发现从300元到3000元，什么价格都有。我就问她：是不是选最便宜的一个呀？"

爸爸嘿嘿一笑："到底是理财作家的孩子哈，还挺会省钱。"

我摇摇头，继续说："妈妈说不对。**评价一个东西，有很多种维度**。从电饭煲来说，除了**价格**高低以外，还有不同的**品牌**，不同品牌背后可能代表着不同的质量、不同的理念；还有**外观**，比如在一片奶白色

的电饭煲里，大红色的那款就显得特别好看；**容量**，有的只能煮一家三口的饭，有的能煮十个人的饭。”

我每提到一个维度，爸爸就点一点头。爸爸的鼓励，让我更加滔滔不绝起来：“还有**功能**，有些只能煮饭煲粥，有些能适合不同的五谷杂粮；**耗电量**，看这个电饭煲用起来是不是省电；**性能**，煮完一顿饭需要多久；容不容易坏；坏起来，方不方便修……”

“哈哈哈。”爸爸开怀大笑：“我家姑娘一定是最懂电饭煲的中学生了。”

“可不是嘛。”我骄傲地扬起下巴，“妈妈一直在教我不要二元思维，不要非黑即白。要从多个角度去看同一件物品。不光是电饭煲，这种多维度的思考方式适合每一样事物。”

“比如呢？”爸爸饶有兴致地看着我，妈妈也停下了收拾。

“比如我们人啊！人，也是多元的、多维度的。孩子**成绩**好不好只是一个维度；长得**美还是丑**也是一个维度；**性格**是柔顺的，还是执拗的？**社交**，喜欢跟人相处，还是喜欢一个人安静独处？**勤奋**的，还是懒惰的？这些都是不同的维度。**我们要能看到别人的不同方面。不能因为我们不喜欢别人的其中一个维度，就以偏概全，去否定整个人；也不要因为我们喜欢一个人的某一个维度，就觉得他们什么都好；我们自己也是一样，不能因为自己一个维度不如别人，就不开心、不自信，应该去发现自己其他维度的优势。**”

爸爸拍拍我的肩膀，看向妈妈：“她的口气越来越像你了，长得也越来越像。就像一个翻版的你。不知道，之后会是谁跟我一样天天要在家里接受教育了。”

妈妈“噗嗤”一声，笑了出来。

爸爸继续这个话题。他说：“你说的很对。多维度思考方式是非常

重要的思考方法，适合很多场景。**成功也是多元的，有没有钱、职位高不高，只是其中一种标准；心情平和、家庭和睦、生活充实、专注于自己喜爱的技能并把它做到尽量好，也可以是成功的标准。**当你拥有了多维度思考方法，你的决策就会与其他人很不一样。不过，你妈妈今天教我的不是这个知识点。”

我脑子里还在胡思乱想，并没有太留意爸爸讲的话，只是下意识地点着头。

16.2 四条推论

爸爸正要继续讲，妈妈拦住了他，“先别急。我要考考你，看看你是不是真的掌握了多维度思考方式。”

一听到“考考你”三个字，我的脑子激灵了一下，立刻回过神来，只听妈妈说：“我问你：我跟你讲过多维度思考方式有四条推论，是哪四条？”

我掰着手指开始数起来：

“**推论一：如果对各维度的要求越高，价格一般来说就越贵。**比如电饭煲，你什么都要最好的，要知名品牌、要大容量、功能强大、高性能、大红色款、省电……各个维度加起来，这个电饭煲肯定会很贵。

“**推论二：抓住某个重要的维度，放弃其他不重要的维度，就能大大降低价格**。当时，你举了买房子的例子。你说，很多年轻人大学一毕业就想买房，而且，对自己的第一套房有着非常高的要求——希望房子是大户型、在旺区、高层、向南、交通便利、是学位房、要是知名开发商建造、要有会所、装修豪华……如果每一个条件都符合，价格必然

高不可攀。很多人为了买房，不顾自己的收入状况，拼尽全力，不仅向亲朋好友借很多钱付首付，还背负了沉重的银行贷款。每个月工资的一多半儿都要还贷款，就再也没有余力存钱做其他投资了，造成很大的生活压力。”

妈妈点头称赞：“没错，人生路很长。可以先买个小的房子，或远一些的地段，先住起来。在这里，价格就是重要维度，我们保住了价格，就必须放弃其他一些不重要的维度。留些余钱做投资，赚取额外的被动收入。等以后经济状况好些了，才再换个更好的房子，就不会有这么大的压力。第三条推论又是什么呢？”

我继续回答：“**推论三：昂贵的东西，并不一定是适合你的东西**。因为商家的销售手段，我们常常为一些根本用不上的功能买单，支付了远高于我们需要的价值的价格。比如我们的手机，常用的功能就那几项：通电话、看微博微信、拍照、玩游戏、看视频、网购等，但是每一年手机厂家都会更新手机，新手机各种功能都越来越强大，但是其中更新的一些功能，很多人都用不上，或者根本感觉不出来差异。但是，因为这些用不上的功能更新了，被打包在一起卖，我们也需要支付更高的价格。所以，**我们买东西的时候，不应该关注是不是最新款，而应该关注里面的功能是不是符合我们的需要。**

推论四：每个人的需求不同，需要物品提供的价值也不同。因为每个物品有很多个维度，而每个人的喜好不一样。所以，同一件物品，在不同人眼里，可能会有完全不同的价值。**别人觉得好的东西，未必适合你。**不要只听别人的建议，要仔细思考自己的需求。只有抓住了对自己重要的核心价值点，舍弃掉不重要的价值，你才能找到适合自己的价廉物美的商品。”

“很棒！果然全明白了。”妈妈高兴地说，“**除了不要二元思维，多从不同角度来看问题以外，不从众，不要看到别人有什么，自己也**

要什么，而应该去寻找真正适合自己需求的东西——这一点也非常重要。”妈妈补充完，让爸爸继续，“好了。我已经考完了，学得很好，你开始吧。”

16.3 显性维度和隐性维度

爸爸说：“刚刚你妈告诉我，一个物品有很多不同的维度——这一点，你已经知道了，其中，**有些维度是非常容易被发现的，我们称之为‘显性维度’。有一些维度，则没有那么容易被人发现，叫作‘隐性维度’。**比如，一个男生帅不帅，篮球打得好不好，开朗外向还是比较内敛，很容易看出来，这些就是显性维度。那个男生知识面是否广博，品德是否高尚，有没有责任担当，就不太容易被评估，需要长时间观察才能发现，这些就是隐性维度。”

感觉爸爸又要开始打趣我，我连忙把话题拉回给他：“所以，‘音响的外形好不好看’是显性维度，‘音质好不好’就是隐性维度，对吗？”

爸爸摸了摸鼻子，继续说：“既然隐性维度比较难被发现，有没有什么方法，让它们很快就被大家识别呢？”

爸爸停顿了片刻，见我眨巴眨巴着眼睛，等他直接给答案，便说：“一个简单的方法就是**把东西放在一起比较**。这样就能把隐性维度显性化。比如，单独听一个音响的音质，不容易发现问题。但两个音响放在一起比较，就很容易发现哪一款音响的音质比较好。”

爸爸说：“你妈说，因为音响的音质好不好是隐性维度，咱们家又不会放几台音响在家里比较，我们也不是音响发烧友，分辨不出音质的细微区别。相反，音响的外观好不好看，与我们家的装修风格是否匹配，却是显性维度，特别显眼。很快，我们就只会觉得这个音响不好看，而忘记了当初比较时发现的细微音质差别了。所以，我打算听从你妈妈的建议，去音响店换另外一台颜值高一些的音响回来。”

妈妈补充道：“**单独评估时，我们会容易被显性维度所影响。两个或两个以上物品进行联合评估的时候，由于可以相互比较，隐性维度就会变得容易被觉察。**所以，我们在做决策的时候，如果隐性维度比较重要，就尽量找出相似物，放在一起对比。如果像音响一样，是经常在单独评估的场景中使用的物品，显性维度就会相对重要。”妈妈补充道：“这是需求方要注意的情况。如果我们是供应方，应该怎么做呢？比如，我们是音响的生产厂商，我们怎么做才能促进销售呢？”

我猜测：“单独卖？不要跟其他音响比？”

妈妈摇头：“**我们必须先看看自己有什么优势，这个优势是显性的，还是隐性的。**”

“哦！”我似乎明白了，一边整理思路，一边答道，“如果我们的音响外观好看（显性维度好），音质不好（隐性维度差），就单独评估，让大家被颜值所吸引。如果我们的音响外观丑（显性维度差），音质却好（隐性维度好），就联合评估，在比较中发现我们的内涵。”

“如果我显性和隐性都差，或者都好，应该怎么做呢？”妈妈问。

我答：“如果我们的音响外观好看（显性维度好），音质也好（隐性维度好），那自然是要联合评估了，狠狠地甩对手一条街。但是，如果我们的音响既外观丑（显性维度差），音质也不好（隐性维度差），那我就躲起来，单独评估，不去丢人现眼了。”

“还有两种情况。”妈妈继续说。

“还有？”我张大了嘴巴。

妈妈说："还有可能你强对方也强，你弱对方也弱。"

感觉这是绕口令加上逻辑题呀！"如果是大家都强……如果是大家都弱……"我揪着自己的头发，痛苦道，"我不知道。"

妈妈笑了笑，说："如果大家都强，应该避开锋芒，在不同的销售渠道上售卖，免得两败俱伤。本来，产品都很优质，放在一起比较，难免被客户找出一些瑕疵出来。客户会觉得产品优质是应该的，因为你的对手也一样优质啊。客户的关注点就会放在缺点上，优点就会被忽视。

如果大家都弱，则刚好相反，应该放在同一个销售渠道上进行联合评估。这其实就是在对客户说：你看，都这么差，你就将就着吧，别那么高期望了，就在咱们两个中间选一个吧。这样，对双方都有希望。"

今天这个知识点太重要了。等爸妈离开以后，我在笔记本上把它记下来。总共有六种情况，我一边想一边写：

我强他弱，联合评估；

我弱他强，单独评估；

他强我也强，单独评估；

他弱我也弱，联合评估。

我显性强、隐性弱，单独评估；

我隐性强、显性弱，联合评估。

想起爸爸举的例子，我忍不住想"找男朋友，我用什么策略呢？"如果我是选择方，自然是要多找几个进行对比的。如果我是被选择方呢？我的脸不觉烫了起来。**讨厌的爸爸！我恼羞成怒地甩掉了纸笔。**

本章练习

随便找一件物品，跟爸妈讨论一下，如何用多维度思考方式来评价这个物品，在这些维度里，哪些是显性的，哪些是隐性的。如果你是需求方，你应该用联合评估还是单独评估进行选择？如果你就是这个物品的生产方，你会选择与竞争对手联合评估还是单独评估？

第17章

是你影响了别人，还是被别人影响了

视觉笔记“设置诱饵”

人真的是很奇怪，特别喜欢比较。音响、男朋友、考试成绩……什么都会放在一起比一比。

我回想着妈妈这些天教给我的知识点——参考依赖、联合评估。人们总是喜欢在比较之后做出选择。那么，如果我们掌握了人们选择的规律，是不是就能够引导他们去做我们想要他们做的事情呢？就像我们知道了参考依赖这个特性，在谈判时，选择一个有利于我们的参考点，就能影响对方做出对我们更有利的决定。

联合评估呢？是不是也可以加以利用？这个念头一起，就一发不可收拾。我急匆匆地跑去找妈妈问答案。

妈妈果然不负我期望，说：“没错儿。我们可以在选择项中添加‘诱饵’，引导他们做出我们想要的选择。”

“诱饵？”听上去好深奥！我赶忙竖起耳朵听起来。

17.1　两道选择题

“来，咱们先做一个实验。你打算订阅一本杂志，这里有三种价格，你会选择哪一个选项？”妈妈边说，边拿起纸笔。在纸上刷刷刷写上以下三行字：

选择1　电子版：每年 59 元

选择2　纸版：每年 125 元

选择3　纸版 + 电子版套餐：每年 125 元

图 17-1　订阅杂志的三个选择

我瞄了一眼，不假思索地答道："我选第三个。"

妈妈说："我来猜一猜，你在选择的时候，肯定是这么想的：'电子版 59 元，不知道贵不贵呢？纸版要 125 元，比电子版贵那么多呀。纸版和电子版加起来居然跟纸版一样呢，好划算哦。如果单独买，需要 59+125=184（元）呢，现在只要 125 元。赚到了！'于是，你很快就做出了决定，选择纸版和电子版的套餐，我猜得对吗？"

我点头："没错儿，一点儿都不差。"

妈妈在纸上又写了一道题，问："这一次，我们要买电视机。那么，在下面三个选项里，你会选择哪一项？"

选择1	50 英寸	AA 牌	1499 元
选择2	55 英寸	BB 牌	1699 元
选择3	60 英寸	CC 牌	2799 元

图 17-2　购买电视机的三个选择

我想了想，犹犹豫豫地答："BB 牌？"

妈妈说："我再来猜一下你是怎么想的。你会想：'不知道一个 55 英寸的电视机应该是多少钱呢？越大的电视机肯定越贵。55 英寸比 50 英寸大 5 英寸，价格贵了 200 元。60 英寸比 55 英寸也是大 5 英寸，却贵了 1100 元。60 英寸和 50 英寸差了 10 英寸，贵了 1300 元，平均每英寸贵 130 元。但是，从 50 英寸涨到 55 英寸，只贵了 200 元，看来是 55 英寸比较划算。'你是这么想的吗？"

"你怎么知道的？"我怀疑地看着妈妈，她总是猜的很准确。

"很多时候，我们并不很清楚我们具体想要什么，直到我们看到一

个参考例子。我们不知道自己到底是喜欢读电子版的杂志，还是喜欢读纸版的，又或者电子版、纸版的都可以？或者有的时候喜欢看电子版，有的时候却喜欢看纸版？我们对自己的喜好并不确定。

电视机也一样。如果价格一样，当然电视机越大越好。但是，如果更大的屏幕，就代表要付出更多的时候，我们就不清楚到底 50 英寸、55 英寸、60 英寸的电视机在实际看电视时产生多大影响了。也许 50 英寸就够了，当然越大，可能就越好了。

我们只知道自己想要一个漂亮的家，但是不知道具体什么样的家才是‘漂亮的’，直到我们在家私店看到样板房。我们才会说：哦！我想要的就是这样的房间，只要这里或那里稍微改一下就行。

我们也不知道自己想要什么样的生活，直到我们在电视剧里看到类似的场景，说：我就想要他 / 她这样的生活。

而且，**由于信息不对称，我们也不太清楚我们要的那件东西应该值多少钱。**59 元 / 年的电子版杂志贵吗？ 50 英寸的电视机卖 1499 元，便不便宜？一辆七人坐的车到底要 20 万元、40 万元还是 60 万元？我们不清楚。

既然如此，**我们平时又是怎么做决策的呢**？”

我目瞪口呆地看着她，摇摇头。**我从来没有意识到自己原来什么都不知道——不知道自己具体想要什么，也不知道想要的东西应该值多少钱。是呀。既然我们什么都不知道，我们又是怎么做决策的呢？**

“**我们很少依靠单个物品的价值来做决策。大多数时候，我们是通过与其他物品进行比较，根据比较结果，来做出的决定。**”妈妈说，“我们不知道一个 55 英寸的电视机应该值多少钱，但是，我们知道，它肯定比 50 英寸的要贵，比 60 英寸的要便宜。我们不知道单

独订电子版 59 元和单独订纸版 125 元，哪一个更划算，但是，我们明确地知道，买 125 元纸版加电子版的套餐一定比 125 元单独买纸版划算。”

17.2 巧妙设置参考点

“嗯嗯。这个我明白。人们喜欢比较。通过比较做出决策。但是，你说的诱饵，是怎么回事儿呢？”我问。

“一种方法，我已经在讲参考依赖的时候教过你了。你**想要人们选择哪一个答案，就给出对应的参考点**。”妈妈说。

“我记得。如果想要高价成交，就抢先报一个很高的价。想要达成低价，就抢先报一个很低的价。”我答。

“有一个更加直观的例子。这也是一个广为人知的视觉实验。”妈妈在纸上画了几个圈，指着这些圈，问我：“这两个位于中心的灰色圆，你觉得哪一个更大？”

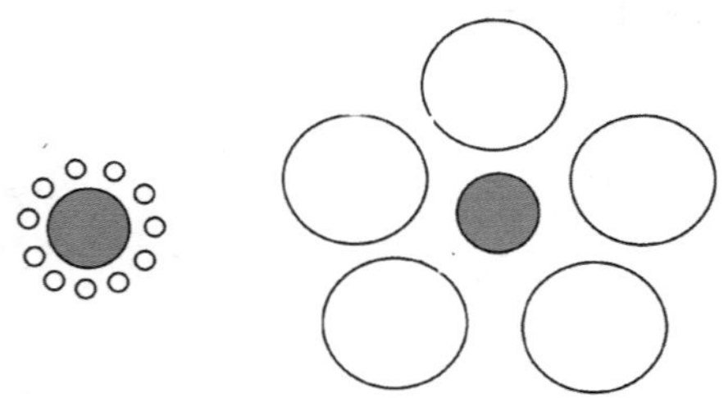

图 17-3　两个灰色圆，哪个更大

这太简单了，我毫不迟疑地选了左边那个圆。

“其实，答案是两个一样大。但是，在我们的眼中，两个圆大小非常明显，不是吗？”说完，妈妈递给我一把尺子。

我量了量两个圆的直径，果然如此。这真是太奇妙了，不是“眼见为实”吗？我又用眼镜目测了一下，感觉还是左边的圆大。

“**我们总是靠观察周围的事物，并通过彼此的关系来做判断**。如果我们想要它显得小，就把它放在一组更大的中间。如果想要它显得大，就把它放在一组更小的中间。同理，你要让人觉得这件物品价格便宜，你应该怎么办？”妈妈问。

“你讲过黑珍珠的故事。本来没人喜欢，价格很便宜的黑珍珠，放到了钻石和翡翠中间，成为昂贵的珍宝。所以，如果我们想卖得贵一点，又让大家觉得便宜，就可以把黑珍珠和宝石放在一起，标价可以标得比宝石便宜一点。”“如果我们把黑珍珠放在一些低价的商品品中间，价格就不会太高。”

妈妈说：“这是一种方法——巧妙设置参考点，让大家做出你想要的选择。”

“有意思！”我不禁拍手叫好。

17.3　放入一个诱因

妈妈继续说：“第二种方法就是在备选项里放入一个诱因。”

我瞪大了双眼：“怎么放？”

妈妈说：“咱们回头再看刚刚那两道选择题。第一道订杂志的选择题，你觉得大家肯定不会选哪一项？”

“选项二：花 125 元，却只能用纸版。”我答。

妈妈说："一位行为经济学教授曾经在麻省理工学院的斯隆商学院做过类似的实验[①]。在麻省理工读书的可都是智商一等一的精英，再说又是在商学院，个个都是精明透顶的人物。在接受实验的100位学生中，16人选择了最便宜的选项——单订电子版，84人做出了跟你一样的选择——订套餐。没有人选择第二个选项——单订纸版。"

我开心地问："那是不是意味着我就跟麻省理工的学生们一样聪明？"

妈妈笑了笑，没有直接回答我，继续说："选项二，就是设置的诱饵。当去掉了诱饵，只剩下选择一和三，你再来看看，你会选择哪一个？"

我左瞧瞧右瞧瞧："套餐比电子版贵66元呢。66元，对我来说还是挺多的，那我就选第一个吧。"

妈妈点点头："那些学生们这次也有了变化，选择第一项59元的，从原先的16人增加到了68人。选择套餐的，从原先的84人，下降到了32人。"

我更高兴了："哈哈哈。就说吧。我跟他们一样聪明。"

妈妈说："你看，选项二谁也没有选，但是它的存在，就能影响到大家的选择。"

有道理！我再重新想了想两次选择的过程。没错，选择二的确让我有了不同的决定。

妈妈问："如果你是杂志社，你希望大家选什么呢？"

我答："选择二或者选择三。只要能收125元就行了。反正对杂志社来说，多发一份电子版也不会增加什么成本。"

妈妈说："没错。因为放了诱因，更多的人选择贵的选项，杂志社

① 出自《怪诞行为学》，作者【美】丹·艾瑞里。

就赚多了钱。”

我恍然大悟，原来我是被套路了！

我转念去想第二道题：“那么第二道选择题里，60 英寸的电视机就是诱饵，主要推的是 55 英寸的电视机？”

妈妈点点头，说：“是的。但是，相对于第一道选择题来说，第二道题你犹豫了一阵才做的决定。显然这个选择并不太容易。也就是说这个诱饵设置得没有第一道题那么好。”

我问：“要怎么设诱饵呢？”

妈妈说：“第一个实验，你做决定非常快。因为套餐价跟纸版的价格一样，这个判断起来很容易，所以，你就立刻做了决定。但是，第二个实验，稍微要算一算了。你的决定就慢了一点点。这里面暗藏着我们的人性。**我们不但喜欢把物品与物品进行比较，还经常偷懒，喜欢通过比较显性维度来进行决策**，也就是简单明了、显而易见的维度去比较，会**尽量回避隐性维度**，就是比较不容易被发现，需要脑子想一想的维度。这也是放诱饵的小技巧：**这个诱饵，应该与你真正想推广的产品价格类似，但质量明显不如你想推广的产品**。”

“这个诱饵要价格差不多，质量要明显不如。”这意思，我是懂了，但具体怎么用，我还没有把握。我问：“能再举个例子吗？”

“前些年，楼市畅旺的时候，我和爸爸经常去看二手房。我们发现，聪明的中介也深谙此道。他会带我们去看一套特别贵、保养得宜的房子。然后，再带我们去看一套比较便宜但又破又旧的房子，最后，再带我们去看一套价格和糟糕的第二套差不多，但是，保养要好很多的房子。你猜，他主推的是哪一套房？诱饵又是哪一套房呢？”

我感叹道：“原来如此他肯定主推第三套，诱饵是第二套。”

想了片刻，我又问：“为什么我们偏好比较显性维度呢？”

“还记得我们说大脑分系统一和系统二吗？”妈妈问。

图 17-4　三个方案

我立刻回答道：“系统一就是我们的直觉。来得非常快，很感性，不讲道理。一遇到事情就冲在前面，大部分时间都在工作。系统二是我们的理性。大多数时候都在呼呼大睡，很懒惰。把它拽出来思考，很费力。”

妈妈补充道：“我们日常的决策主要都依赖直觉。动脑筋实在是麻烦又讨厌，因为要把懒惰的系统二拽出来。我们常常就靠系统一的一闪而过，已经做出了决定，都等不及系统二的出现。所以，相比于隐性维度，显性维度对人们的影响力更大。”

我耸耸肩，说道：“大家都是关注外表的。”

回到自己的房间。笔记本还摊开着。刚刚记了一半，想起那令人脸红耳热的问题，就摔了笔，没有记完。

我赶忙定下心神，把今天学到的知识点一一记录下来。

本章练习

去商场选一样商品，设计一道选择题，放入一个“诱饵”，让爸爸妈妈也选一选，测试一下这个技巧能不能起作用。

第18章 难题，是外包解决，还是自己攻克

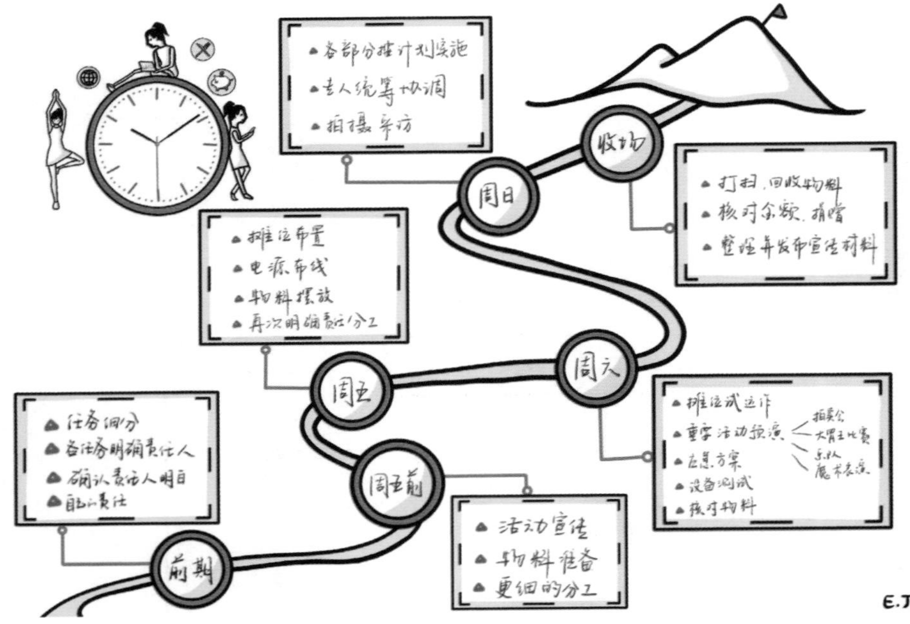

视觉笔记“全流程图简图”

言归正传。

我们慈善小分队的六位核心骨干准备了厚厚的汇报材料，一起去见校长——有图文并茂的 PPT，有阿东剪辑好了的采访视频，还有打印出来的详细的工作计划清单。

整个过程，比我们预想的简单很多。也许是因为校长本身很开明，支持学生组织大型活动，也许是因为我们的方案真的很详细、很完善，他不仅指派了两位老师来协助我们这个项目，还提供给我们周末两天的校园作为年宵市场的场地——我们将有周五放学后和周六一整天来做准备，去迎接周日的大活动。

好的开始是成功的一半。我们为此振奋不已。

18.1　大日子的临近

方案通过后，就是紧锣密鼓的筹备阶段。随着细节的加入，工作清单不断被修改。感谢两位老师和妈妈的耐心指导，我们少走了很多弯路。工作人员队伍也越来越壮大。好几个社团的社长也加入了我们，他们在不同的领域各有专长，使我们如虎添翼。

比如 3D 打印社的社长，帮助我们在电脑虚拟环境里，安排各种摊位的摆放、设计拍卖会场地布置，让我们在仿真环境中，直观地感受到方案的真实性和可行性，不用等到最后环节，把摊位摆了一半之后，再来费力挪移，布置的各个细节也可以一次到位，省去不少时间和精力。

创意手工社团负责带领社团成员帮忙搭建拍卖场入口处的沉浸式展厅。

几个学生乐队将在不同时间段和学校的不同角落提供现场表演。

中文社还准备了猜灯谜活动。哈哈，感觉像是在庆祝元宵节。

学生电视台负责全程的视频拍摄。不仅如此，他们还联系到了真正的媒体！那一天，一家报社会来学校采访。

义工哥哥和便利店小姐姐帮我们联系到了慈善机构，负责活动以后的捐助事宜。对了。插播一条八卦。义工哥哥和便利店小姐姐，因为我们这个活动，增进了友谊。嘿嘿，现在，他们已经成了男女朋友啦！至于家豪和琪琪……因为校长直接给了我们一笔启动经费，就不需要他们对外拉赞助了。不知道他们有没有失望呢？

我们从学校小卖部借用了 POS 机，提供代币换取服务。这样，除了现金，大家还可以刷卡。

总共 30 个摊位也陆续认购完毕：除了传统的二手物品摊位、美食摊、新年主题的年货摊以外，还有现场画脸谱、手工艺作坊、魔术表演摊、VR 游戏体验场，连星座塔罗牌的摊位都有。反正，种类五花八门，完全超出了我们想象。整个学校人员都被我们动员了起来。连妈妈都赞叹不已，感慨孩子们的世界真是创意无限。

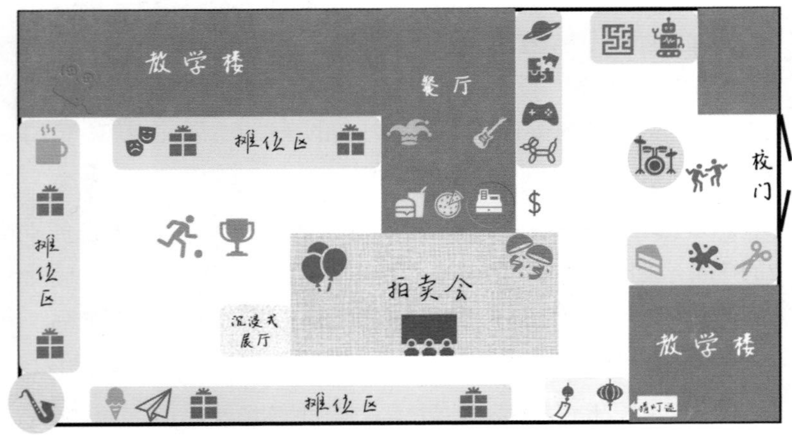

图 18-1　年宵市场平面图

我们模仿迪士尼乐园的安排，在不同的时间段安排不同的主题活动：

上午，在操场有一场两人三足的家庭跑步比赛。

中午，学校餐厅提供Pizza大餐，夹杂着“光盘”比赛，看谁能把打来的食物全部吃完。

下午，在礼堂，就有我们的重头戏——拍卖会。

黄昏，原本散落在学校各个角落、分时段表演的乐队们，会在礼堂里进行最后的合作演出。我们还希望像迪士尼一样，用盛大的烟花表演来结束。当然，这是不可能的。只好退而求其次，用人群中的彩带气球来替代。

在妈妈的指导下，我们制作了一张**“全流程地图”：从周五下午开始准备，到周日黄昏活动结束打扫校园，把每一个环节都画了出来——每一个时间环节包含哪些部分？各个部分的责任人是谁？他们的工作职责是什么？他下面的志愿者有哪几个人？**

我们还把每个人的工作都列成了清单。清单按照**5W2H**的结构来填写：**谁（Who），什么时间（When），在哪里（Where），做什么（What），为什么做这个（Why），怎么做（How），做到什么结果算是完成了（How much）。**妈妈说，要把每一个动作都写具体、写出标准，这样大家做起来，才不会太走样。如果要求不够具体，大家的理解可能不一样，做出来的结果就可能天差地别。如果不把要求写出来，只是口头上讲一讲，大家很容易忘记或者遗漏掉。**活动越大，准备得就要越细，到时候出错的情况才会越少。**

我们开了三次全体工作人员大会，确保每个人都明白自己的任务和对应的工作清单。

滴答，滴答。时间走得越来越快了。

18.2　单机作战与联合协作

活动太丰富、太多细节了，我们需要很多很多工作人员。于是，家教会的家长义工们也都加入了战团。他们也都听我们这些孩子们指挥。

之前，要是有人跟我说：我们这几个小孩子能组织这么一场庞大的活动，我肯定不同意。现在，居然差不多就要做成了！我深深体会到妈妈说的“联合协作”的优胜之处。

你问我“什么是联合协作”？等我慢慢解释给你听。

从前，当我遇到问题的时候，只会自己一个人埋头苦苦思考答案。做事情也是。领了任务回来，都是一个人闭门造车。我虽然很努力去做，但是，最后的结果不一定好。妈妈说，这种方法叫作**“单机作战”，也就是只靠一个人的力量来完成任务**。

这种方法，如果是用在简单的任务上，还可以应付。但是，如果任务复杂多变，一个人的能力有限，做不来，又或者来不及应对快速变化的形势，**就需要“调用”和“整合”他人的力量。**

你看，《神雕侠侣》里，全真七子每个人都很普通，但是组合成的“北斗七星阵”就威力无穷。因为每个人只要负责一个方向上的进攻，其他方向交给伙伴就行。组合起来的他们，能攻击更大的范围，力量也更强。**把能力不同的小伙伴组合起来，为一个共同的目标，协同作战，这就是“联合协作”。**

当我们遇到复杂的问题，不要只问“怎么办”，也要多想一想**“身边有谁做这件事更厉害”**？你不用每一样技能都精通，但要知道如何把精通的人组织在一起，为同一个目标去努力。

比如，上一次去阿婆家录视频，如果只是我单机作战，一定只会是

用手机拍了几个简单的问答就交功课了。但是，如果我从联机协作的角度去思考，我就应该想到口述历史社的社长比我更善于跟老人家聊天，比我更会问问题，比我更能发现线索。我要做的事，就是找到擅长这个任务的他，邀请他加入，协助并跟进他在规定时间内完成采访。**我的角色就不再是拍视频的人，而是一位组织协调者。我最重要的任务不再是拍视频，而是计划、沟通、跟进、协助和检查。**

妈妈告诉我："在一个复杂的机构中，**好的组织协调人比具体执行者更重要**。因为如果这个人不愿意拍视频，我们可以找另外一位来拍。再说，视频只是活动的一小部分，如果实在找不到合适的人，我们甚至可以直接砍掉这个任务——不用拍视频。但是，善于组织协调的人，在一个组织中却是不可或缺的，是完成大项目最关键的角色。因为一个人能做的事情有限，做得再好、再快，也只发生在一个小个体中。如果你懂得联合协作，会把不同能力的人组织起来，协调他们的行为，你就会很厉害。"

我就是这次活动的组织协调者。未来，我要做一个很厉害的人。

事情越忙，时间过得越快。日历一页一页快速翻动。大日子，终于将在这个周日来临了。我的心七上八下的，既兴奋又担心。

周五下午，校长允许我们活动相关人员不参加活动班，直接开始准备周日的活动。我们按照在虚拟环境中演练的方案，先在地上用粉笔画上一条条区域线，标上号码，与认领的摊位一一对应。每个摊位的负责人对号入座，把各类物资摆放到自己负责的区域，在校工和家长们的帮助下，搭建帐篷，放置桌椅。学校电工则负责把每个摊位都通上电源。

由于**把任务分成了不同的细模块，每个模块又有具体的责任人，大家各自按照计划的方案布置，**一点都没觉得慌乱。虽然也冒出一些小问题，但很快就在老师和我们核心人员的帮助下解决了。我们一直忙到很晚才回家。

周六一早，我们又回到学校继续准备。根据我们画的全流程地图和工作清单，周六的任务是**预演**。**妈妈说：重要活动，一定要预演。只有预先走过一次流程，大家心里才会有数，浮在空中的问题也会落下来，提前被发现，提前想好解决方案。**

乐队、魔术表演、“光盘”比赛、拍卖会和两人三足比赛都进行了至少一次的排练，每个摊位进行了试运作。我们轮流扮演顾客，让每个摊位的工作人员都有机会演练了几次。谁负责收钱？钱放在哪里？产品怎么摆放，更高效？谁负责提供产品或服务？人太多的时候，怎么处理？没有人的时候，有什么吸引人的方法？

老师组织我们所有工作人员先后开了三次会。**再次确认我们每个人都清楚明白自己的工作任务，拿到了对应的工作清单，又根据最新的进展，不断调整大家的工作任务**。我们还想了一些应急的方案——如果全场停电，怎么办？如果下雨，怎么办？如果有人受伤或不舒服，怎么办？

事情铺天盖地的，就算有很多大人帮忙，我们也都累得够呛。

18.3　大脑用进废退

周六下午，我拎着手里的清单，去每个站点检查。每一个站点，都有专门的负责人。他们既是我的执行者，也是他们站点的组织协调者。他们负责自己站点的计划、准备和检查。我只需要跟他们对接就行了，由他们检查自己站点里执行者完成任务的情况。整个检查链像一面大大的蜘蛛网，而我，就是身居其中的蜘蛛侠。

我走到礼堂，那里正在布置拍卖会场。沉浸式展厅正在创意手工社团社员们的巧手中初见雏形。礼堂的舞台也已经挂上了横幅，摆上了拍卖桌。礼堂四周的大屏幕上投影着老人家们生活的照片。负责礼堂音响

设备的校工正在测试话筒的音质。

拍卖会的负责人是阿媛。她正坐在舞台边喝汽水，两条小粗腿晃啊晃的，很是悠游自在。我走过去，在她旁边坐下。她递给我一包饮料。我便也趁机休息起来。忙了一上午，口干舌燥的。

起初，我们有一搭没一搭地聊着各个站点的进展。后来，聊起联合协作的好处来。我知道我自己有个缺点——从妈妈那里学到了新知识，总忍不住在同学们面前显摆。这让我长期成为同学中的知识领袖。

没想到，听完我的分享，阿媛摇头反对："我觉得这样做不对。如果一遇到困难，就想着外包给其他人，找其他人来解决，这是在走捷径。看上去的确效率最高，代价也最小，但是，时间长了，你自己解决问题的能力就会越来越弱。我看过一本书，上面写我们的大脑会'**用进废退**'。意思是说，**如果有一部分大脑，你经常用它，它就会越用越灵光；如果你老是不用它，它就会慢慢退化，你以后就再也不会用了**。你每次问别人要答案，那么，你以后永远要依赖别人的大脑来获得答案。"

我感觉有股热气直冲上我的脸颊。我特别受不了别人反驳妈妈的观点。在我心里，妈妈除了有点啰嗦以外，什么都是对的。我瞪着阿媛。她总是这么直接，一点都不给人留面子。"谁说大脑就会什么进什么退了，有证据吗？"我的声音中满是不悦。

阿媛放下饮料瓶，就像上次在操场上反驳琪琪时那样，轻描淡写地说："心理学有很多类似的实验啊：比如，钢琴家的大脑中，对应手指的神经就比正常人的更大更多；盲人的视觉神经，就比正常人小，已经萎缩了，但他们的听觉神经比一般人更多。所以，我们常说盲人的听觉比一般人灵敏。[①]"

真的吗？她的理由听起来也挺有说服力的。我摸摸鼻子，不吭声。

① 实验出自《The Brain That Changes Itself》，作者：Norman Doidge。

阿媛继续说："自己去找答案，这个过程比答案本身更重要。因为，**你找的过程中，会顺带发现很多其他知识，最后，收获的比你最初想要的答案要很多。而且，思维推导的过程，也是学习和训练的一部分。**你练多了解题方法，以后解题起来，就会越来越容易了。就像一道数学题，只靠别人告诉你答案，下一次你依旧不会做，就不用说遇到更难更复杂的题了。但是，你自己推导过的，就不一样了。就算推导一次，很慢，很耗时间。几次下来，类似的题目就会越做越快。也不用再害怕难度增加了。不是有句话这么说吗：'**困难的路越走越容易，容易的路越走越难**。'人的一辈子，可长着呢。如果你总是外包，你就只知道答案的表面，而没有机会发现这个问题背后蕴藏着的逻辑。"

我愣愣地看着圆乎乎的阿媛，感觉她更像是我妈妈的女儿，说话的口气都是这么像。为什么她似乎比我更懂呢？明明我妈一直在给我私下补课呀？难道就因为我总是从妈妈那里直接要答案，而她总是自己解题吗？我下意识地摸摸自己的脑袋，又看了眼阿媛的脑袋，好像真的比阿媛的要小一点？

本章练习

和爸妈讨论一下，到底是自己解题好，还是外包找专家好？或者什么时候要自己解题，什么时候要外包专家？

第19章 解决问题，有通用的方法吗

视觉笔记“解题通用方法”

我期待着妈妈能对阿媛的观点提出一大堆反驳意见。这样，等回到学校，我就能从阿媛那里扳回一局。好不容易等到她回了家，我三言两语讲了经过，拿起小本本，打算把妈妈的话一一记录下来。没承想，妈妈却点点头，说："她讲得很对。"

哈？我的眉毛都揪在了一起："你一会儿说'遇到困难要学会外包'，一会儿又同意阿媛的说法'要自己努力解决'，你这不是自相矛盾吗？"

妈妈摇了摇头，笑着说："你看，你又犯二元错误了吧？我常说，**不要老去想'这个是对，还是错'，应该想'这个什么时候对，什么时候错'。**阿媛讲的'大脑用进废退'是有科学依据的。所以，你要多动动脑筋，别老等着我说答案。去，自己去想一想，什么时候，要把困难外包，什么时候要努力自己解决？"

"哦！"我苦着脸，走了开去。

19.1 特例启发思考法

到底什么时候应该自己动脑筋，什么时候找专家呢？我脑子一片空白，不知道怎么去想。**要是有一套专门帮助解决问题的方法就好了。第一步、第二步、第三步……只要跟着做，答案就会自己出来**。

如果是阿媛，她会怎么想呢？我想着阿媛平日的种种。她是一个特别有个性的女孩。外表并不起眼，爱吃零食。不像琪琪叽叽喳喳爱说话，也不像嘉恩喜怒哀乐都很明显。她似乎总是在一旁事不关己地看着我们讨论，冷不丁插上一句切中要害的话。她总是说：

"别啰唆这么多，你举个具体的例子？"

“反过来想一想，就知道你这观点有问题。”

“争什么？试一试，不就知道了？”

咦？这是不是就是她思考的方法——举个具体的例子、反过来想一想、试一试？

举什么例子好呢？嗯。就以这次年宵活动为例吧。现在我采用的方法是外包给专家。反过来想一想，如果改为自己研究……好像行不通。一来，事情太多太复杂了，本来就需要很多人一起来做。二来，时间也不够我自己慢慢研究。

我一边想一边在纸上写起来。看来，**如果时间紧急，或者事情太复杂，就适合外包给专家，自己则做好协调和组织工作。反过来，如果准备的时间比较长，事情也简单，不需要多人合作，那么，就可以自己深入研究，多用用脑子，锻炼一下思考的方式。**想到这里，我不由地笑出了声。就像现在的我一样，我不就自己想出来答案了吗！

思及此，不免有些小得意，便屁颠屁颠地跑去向妈妈请功。

妈妈果然很高兴，问我：“你是怎么想出答案的？”

“找一个具体的例子，再反过来想一想，这么做行不行。”我暗暗吐了吐舌头，我可不想告诉她，我是受了阿媛的启发。

“真聪明。”妈妈夸赞道，“在寻求答案的时候，有一些通用的启发式思考方法。你居然能自己找到其中两种。”

“真的吗？哈哈！”我开心地打着哈哈。

妈妈说：“有一位匈牙利的数学家，名叫波利亚。他曾经写过一本《怎样解题》的书，里面介绍了一些解题的通用原则。你刚刚用的‘**特例启发思考法**’就是其中一种方法。很多时候，我们遇到的问题非常模糊，也很宽泛，不知道从什么地方下手。但是，当我们找到一个具体的事例，放到细节情境中去思考，就比较容易找到答案。

顺便提一句，把问题本身描述清楚，才有可能找到解决问题的方案。就像你考试一样，如果题目都审错了，答案就有可能离了十万八千里。因此，**解题的第一步，就是把题目解释清楚**。”

“怎么样才算是把题目解释清楚了？”我问。

妈妈说：“你可以先问一问以下四个问题：**问题的主体是谁？关键点在哪里？什么时候必须解决？有多少钱给你用？**比如你这个问题是‘遇到难题，什么时候外包解决，什么时候靠自己攻克？’在这个问题里，

“**主体是谁？**是你自己。你的能力是高还是低，就会影响你的选择。你的能力离解题太远，可能就需要外包。你的能力与解题需要的能力接近，那么就有可能可以自己攻克。

“**问题的关键点在哪里？**要解决‘难题’。这个难题是简单还是复杂，也会影响你的选择。

“**什么时候必须解决？**时间短，可能需要外包；时间长，可能允许自己攻克。

“**有多少钱给你用？**资金充裕，可能允许你外包；资金不足，可能需要你自己攻克。

你看，只要对问题进行剖析，答案就自己冒出来了。大多数人拿到问题后，都会急着去找答案，却不知道答案往往就藏在题目里。跟你用特例启发思考法殊途同归。”

我惊讶道：“是哦。原来审题是这么重要的呀！”

19.2　戴帽子看电影的女士们

妈妈接着说：“另一种常用的方法叫作‘**反向推导法**’。很多数学

家认为这种方法是最重要的[①]。人天性喜欢正向思维顺序。从事情的开始，往后面想，根据不断地变化，推理最后的结果。这种方法叫作‘试错法’。而‘反向推导法’是从结果开始，联系已经发生的那些变化，往回追溯到一开始。不要小看结果，结果里包含了很多丰富的信息，其中有一些约束条件，会让你不得不选择一开始的那种方法。就以年宵活动为例，结果中，能找到的约束条件是——这个活动很复杂，要很多人配合，时间也很紧张。因为这些约束条件，就不得不采取一开始的外包策略。”

我皱着眉听着。我刚刚的思考过程很简单啊，怎么给妈妈一说，反而更糊涂了？

妈妈应该是看到了我苦恼的表情。沉思了片刻，又举了个例子：“印度有一家电影院，经常有戴帽子的女士去看电影。帽子挡住了后面观众的视线，引起很多人的困扰。如果直接禁止女士们带帽子，给女性客户们的感受不太好。你来用‘反向推导法’帮电影院想想办法吧。”

哈？我的脸都皱到了一起。这样一个案例，反过来要怎么想啊？

见我皱眉不答，妈妈试着启发我：“你找一找现在这个结果里包含了什么信息？什么约束条件？”

“结果里的信息，帽子、女士，后排的困扰？”我真是绞尽了脑汁。

“对啊。你已经找到了最重要的一个约束条件了。”妈妈笑道。

“哪一个，帽子、女士、困扰？”我还是很疑惑。

“女士。”妈妈揭开了谜底：“女士最担心什么？或者说，女士戴帽子为了什么？”

“为了美吧。”我答道。

“那么反过来想，如果大家认为戴帽子等同于不美，她们还会戴

① 出自亚历山大学派的几何学家帕普斯（Pappus）写的《数学汇编》。

吗？”妈妈问。

“美，还是不美？每个人的观点都不一样，怎么等同？”我问。

“后来，电影院在电影开播之前，打了一则通告：本院为了照顾衰老有病的女客，可允许她们照常戴帽子，在放映电影时不必摘下。”妈妈俏皮地耸耸肩：“你猜结果怎样？”

我不禁拍案叫绝：“哈哈哈，女人都爱美，怕别人觉得她们衰老有病，就都摘下了帽子。”

我反反复复思考着这个有趣的例子。虽然还没有完全弄明白，但似乎触摸到了一丝从结果中找约束条件的感觉了。

我开心地仰着头，求表扬：“我在我还不懂什么是‘反向推导法’的时候，就已经用这种方法找到答案了呢，我是不是很棒呀？”

19.3　试错和修改条件法

妈妈摇摇头说：“你刚刚说，你是靠反过来想，从而得出的答案。不过，你用的可不是‘反向推导法’，用的恰恰是正向思维中的‘试错法’。**试错法是用所有已知的变量，或你能想到的操作手法，尝试看一看，能不能得到有用的结论，能不能离答案更近一步**。试错法是最常用的，因为它符合人类的正向思维顺序。比如，你刚刚思考的时候，是回到了最初开始组织活动的时候，你想象了一下，如果用方法二（自己研究），而不是方法一（外包给专家），能不能推导出好的结果？答案是‘不行’。这就是试到了错。和反向推导法还是不一样的。”

这次，我听懂了。要先试了再说。如果搞不定，就换一种方法重头再来过。

妈妈说：“还有一种方法，叫作‘**修改条件法**’。有的时候，**我们**

可以通过删除、增加或者修改其中一个条件，看看结果会有什么变化，从而迅速发现被修改的条件和结论之间有没有关系。就像咱们曾经做过的超市大作战实验[①]，第二次实验与第一次实验相比，两个条件发生了变化：一是有没有拿购物清单，二是几个人参加了超市采买。因为两个条件的改变，实验结果相差很大。我们通过观察和比较，就能发现购物清单和采买人数是影响购物结果的两个变量。”

那次实验非常有趣。我们分了两次去超市购物。这两次去超市之前，妈妈都让我统计了全家人的购物需求。只是在第一次去超市的时候，故意不带购物清单。爸爸、妈妈、奶奶、我、弟弟，全家一起出动。结果，最后买的东西比需求清单上列的东西多很多，多出来的东西，总价值超过了 400 元。第二次去超市，只是我和奶奶两人去采购，还带上了购物清单。结果完全与清单上要求的一致。妈妈后来告诉我，购物清单是视觉化的目标，会不断提醒我目标就是这些，就不会偏离得太远。采买人数也影响了购物欲望。人多了，和商品的接触也多。人是受视觉影响的动物，看到了好东西，就想买下来。所以，采买人数也会影响购物结果。原来这也是一种解决问题的方法。

妈妈拍了拍我的后背，打断了我的思考，说：“好了。解决问题的方法还有很多，以后再慢慢教你。明天就是年宵活动正日，要检验你们的劳动成果了。你再从头到尾想一想，是不是每个环节都想到了？今晚早点休息。明天一早，我送你去学校。早点到现场，再去检查一遍。”

我重重地点了点头。想起明天的大事，心一下子又提了起来。

晚上，我在床上翻来覆去了很久，才睡着。

迷迷糊糊间，我去到学校。只见学校各个角落人头攒动，每个摊位前都排起了长龙，热闹极了。我在各处游走，骄傲地验收着我努力的成果，开心得嘴都合不拢。

① 超市大作战实验，出自艾玛 · 沈的《高财商孩子养成记》。

忽然，乌云密布，轰隆隆雷声响，顷刻间，下起豆大的雨点来。雨声啪啪啪直响。大家抱头逃窜，抢着挤进教学楼避雨，场面非常混乱。我也不得不躲到屋檐下，全身湿哒哒的，和大家挤在一起。

眨眼间，操场上全空了。雨越下越大。水流得到处都是，摊位、海报、装饰都在风雨中面目全非。

我愤怒地大叫："天啊！……"

"起床了。起床了。"有人在推我。我迷迷糊糊地睁开眼，看到妈妈的脸近在眼前。我急急地转头看向窗外，淡蓝色的天空干净得没有一丝杂质。我大大地舒了口气——没有下雨。

"哦！还好是一场梦。"我嘟囔着。怦怦跳的心，慢慢平静了下来。

"今天就是正日，要加油哦！"妈妈的声音清脆好听，带着满满的正能量。

我彻底清醒了过来，从床上一跃而起，跟着喊了一声"加油！"就冲入了洗手间。

本章练习

让爸妈给你出一道题目，试着用这四种方法想一想，看能不能找到答案。

第20章 最后的演出

前几天，我们已经进行了几波宣传攻势：在放学时，派发活动单张；在学校显眼处，张贴大幅海报，配上诱人的图片，吸引了好多同学在海报前驻足；各个摊位，也都各显神通，通过不同途径，预告了将会出售的物品或提供的服务。

也许是因为学校第一次搞年宵活动，还是由学生自己发起和组织的，大家都非常捧场。一如我梦境中一样，整个校园人挤人。吆喝声、乐队的弹奏声、不同摊位播放的音乐、同学们的笑声、说话声——各种声音响成一片，还有各种食物的气味，飘在空中，热闹得像个庙会。

我和琪琪跟着一位老师在各个站点游走，看大家有什么突发的状况，是否需要我们协调或跟进，务必让每一个站点都按计划的时间推进。当然，我还时不时抬头看一看天空，期盼着不要“梦想成真”，真的下起暴雨来。好在这一整天都艳阳高照。太阳暖暖地照耀着我们，加上这热火朝天的气氛，一点都不像是冬天。真是完美！

20.1　热闹的集市

学校餐厅里的代币找换店门口，人员络绎不绝，大家在这里把钱换成活动中专用的代币。

找换店的左边，我们开设了一个套票售票窗口，把午餐餐票、两人三足活动、魔术音乐演出、星座推算、猜灯谜等几个体验式摊位打包在一起，卖一张套票。一来，省了这些摊位收银压力，二来，用我从妈妈那里学到的“**心理账户**”原理，把“购买行为”和“付费感受”分开，痛就痛一次，到各个站点，不再有付费的痛苦，只剩下欢乐，大家就能有更愉悦的感受。

美食摊前，排了很长很长的队。这个摊位由中四的师哥师姐们负责，卖的都是我们家政课上学过的糕点。水果蛋挞、泡芙、西米露是提前准备好的。现场还会制作鸡蛋仔饼和棉花糖。原以为，很多同学都学过怎么做这些甜品，应该不会太畅销。没想到，刚开始两个小时，存货就被抢了一半。担心存货不够卖，摊主想了个主意——限购！每人只能买一份糕点。结果，排队的人龙反而更长了。这可不就是“**参考依赖**”的效果吗？参考点是每人可以买很多，现在只能买一份，制造了紧缺的感觉。大家怕吃亏，本来没想买的，也都来买了。

我看着眼前这条长长的人龙，尤其是最后那几位，怕是要等上十几分钟，才能买到一份糕点了。他们一定不知道**“机会成本”**的概念，等待的这段时间，如果去别的摊位，也许会有更好的收获。

如果他们已经排了好几分钟，一定就更舍不得放弃，转去其他地方了。其实“**沉没成本**”不是成本，决策最关键的是要衡量“机会成本”。当然，决定是要放弃“沉没成本”，还是要继续坚持、不半途而废，就要看你现在做的事情，是不是通往大目标的必经之路了。显然，有没有吃到一份糕点，不算是什么重要的不可替代的目标。

于是，我走到人龙末端，指着操场另一边，跟那些人说：“那边好几个摊位，现在都没什么人，你们可以先去那边玩，等这里人少了再过来，就不用等这么久啦。”原本边排队，边低头玩手机的几位同学，皱眉看了看前面的队伍，又转头瞧了瞧另一边，决定采纳我的建议，移步去了其他摊位。

我开心地笑了。想起妈妈曾经说的话："不要总是闷头走路，**要经常抬头看看周围**，评估一下，现在的选择，是不是适合当下的最好的选择。情况会变，选择也要跟着形势一起变。"他们如果不一直低头玩手机，经常环顾四周，想来，不用我提醒，也会用脚投票了吧？

那些手工制品摊位，摊主们对自己的东西该卖多少钱，没什么概念，能卖掉就开心得不得了了。所以，价格低得诱人，很快就被抢购一空。摊主们也就早早收了摊，加入了消费者大军，他们对别人摊位上的东西显然更感兴趣。

我们转到大礼堂外面的沉浸式展厅，那里是家豪负责的区域。他正忙碌着跑来跑去，跟不同的工作人员交代着什么。白净的脸上，因为热泛着淡红。这里也有两条长长的人龙，正在慢慢向前行进。

开场前，我进去展厅看过。最后的成品，比我设想得还要好。这是创意手工社团负责的设计。他们参照了视频中老爷爷的房间——空间窄小，仅能容纳两个人同时经过，不像是个房间，更像是一条通道。走进去，一股浓浓的跌打药酒的味道，扑鼻而来。灯光昏黄，桌椅残旧，墙上挂了一些颇有时代感的照片，房间角落里堆着杂物。还播放着一些嘈杂的呓语，听不清楚在讲什么，间隔着几声咳嗽。走到通道末尾，有个大的 iPad 屏幕，正在循环播放我们拍的视频。视觉、嗅觉、听觉、触觉……我一边看，一边数着。加入越多的感官细节，就越能打动人心，这就是**沉浸式体验**。

中午的阳光灼灼，照得我沁出了汗水。我用手背擦了擦额角渗出的汗珠，抹到了运动裤上。绕过展厅外围，去到出口位置，听着走出来的家长和学生们一句句的夸赞，我心里别提多高兴了。

学校各处都挤满了人，大家的脸上都洋溢着愉快的笑容。学校电视台的小伙伴们，跟我们一样，在四周游走，把这一刻的欢乐都记录了下来。

20.2 拍卖会

上午十一点，餐厅准备了流水席。买了套票的人，随时可以进去开吃。乐队的演奏也转移到了这里。因为人比预想得多，准备的食物不够，老师又安排校工紧急补订了披萨。我这才意识到，整场活动能够开展得如此顺利，不知道老师们在背后帮我们补了多少漏洞。

等大家差不多都吃饱喝足了，时间已经到了下午三点。在广播的提醒下，大家陆陆续续走进了大礼堂。拍卖会就要开始了，这才是今天的重头戏。

福利社带着大爷、阿婆等几位老人，还有义工哥哥一齐到了现场。校长把他们迎上舞台，做了简单的介绍，随后，福利社的领导就开始发言。他感谢我们这群孩子组织这么一场筹款活动，也告诉大家，未来会把这些善款用去哪里。

讲完后，话筒递给了大爷。大爷还是那么健谈，接下来，话筒递给了阿婆。刚开始，她有些怯场。可能是第一次在台上讲话，捧着话筒，一句话也说不出来。福利社的人在她耳边说了些什么。阿婆支支吾吾地讲起来。最初也听不太清她在说什么。后来，她越说越流利了，原来讲的正是我们认识的经过：

“我那天身体不舒服，在路边晕倒了。醒来，已经在医院病床上了。后来，有几个小孩子过来家里探访。一开始，我还以为跟平常一样，几个人过来聊会儿天，送个年节礼就离开。我身体不太好。那些天，一直躺在床上。家里很乱，没功夫收拾。他们来了，不单是跟我聊天，还帮忙打扫、整理。我的灯泡已经坏了很多天了，太高，我年纪大了，爬不上去换，他们也给我换了，还给我买了晚餐。后来，我才知道，原来他们就是那天救了我的人。”阿婆一边说，一边抹眼泪。

这个时候，台下的众人纷纷鼓起掌来。我不知道为什么，鼻子也酸酸的，眼眶都湿了。昨天彩排的时候，校长和福利社讲话的环节没有排练，我也没想到还会说出这些话。

隔了片刻，阿婆情绪稳定下来，又继续说："这么多年，我一直一个人，以为就这么一直下去了。没想到，遇到这么一帮好孩子，他们还搞了这么大一场活动，这么热闹，好多人好多活动，好漂亮。好……"她哽咽着，说不下去了。

福利社的领导接过话筒，说："不如，我们邀请这些好孩子们上台吧？"台下响起了雷鸣般的掌声。

我还在愣神，看到义工哥哥在台上向我招手，便利店小姐姐已经拉着嘉恩和阿媛走上了台。身后不知道是谁，推了我一把，我也就傻傻地往前走。心，扑通扑通地，好像就要从胸口跳出来。脸颊滚烫滚烫的，耳边的鼓掌声，此起彼伏。

等缓过神来，我已经站到了台上。和其他小伙伴们一起，包括后来加入一起组织这场慈善活动的同学们。

校长和福利社的领导都说了些什么，我没有听清楚。看着台下黑压压地一片，脑子里乱乱的。

突然，听到福利社领导说："你们为什么会想到要组织这么一场活动呢？"然后，话筒突然就被塞到了我手里。我的心跳得更大声了。我感觉话筒都能够听到它的砰砰声。

我有些语无伦次起来："我觉得阿婆太可怜了，我想帮助她，还有那些像她一样的老人家们。我们就想着给她们捐点钱，让他们能自己买自己喜欢的东西，我们有一天也会变老的，我不想像他们这样。"

我急匆匆地把话筒塞给隔壁那位。隔壁那人正是阿媛。她的声音比我气定神闲多了："我是后来加入的。我觉得这样的活动特别有意义。我们虽然还年轻，但是，我们已经能为需要帮助的人贡献点力量了。"

下一位是便利店小姐姐。她说：“我非常感恩，能够认识这帮孩子，能够参与这么一场活动。我每天在便利店工作。上班、下班。点货、收银、卖货。我常常在想，这样过一辈子，有什么乐趣呢？现在，我知道了。除了上班，我还可以做很多事情。我也可以帮助到别人，让这个世界更加美好。”

台下又响起了阵阵掌声。

几个同学陆陆续续都说了些话。我也没怎么听。只盯着台下黑压压一片，脑子里七上八下的。几轮掌声过后，我们终于走下了台。

礼堂的大灯开了起来，拍卖会正式开始。我回头看向台上，拍卖会的主持人是演讲社的社长和社员，他们自信十足，侃侃而谈，一点都没有我刚刚的慌乱。

我知道，除了理财和怎么做决策，我还有很多很多东西要学。未来的路，还很长。一转头，看见妈妈站在角落温柔地看着我笑。我的心，便落了下来。

本章练习

回顾每一章的知识点，看你的收获是不是跟主人公一样大？

第21章 后记

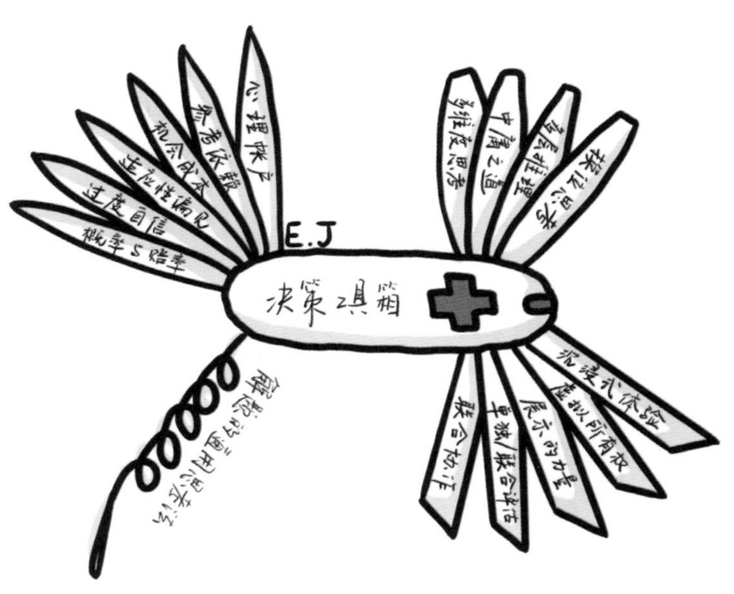

视觉笔记“决策工具箱”

很多年以后，我已经忘记了当年这场活动最后筹集了多少钱。我只记得，那个冬天，我们几个小伙伴办了一场声势浩大的大活动。作为常识课的小组专题项目，我们参与的每个人都拿了满分。这件事，也给我申请美国学校的简历上，涂上了浓墨重彩的一笔。

后来，年宵市场成了学校的传统。每一年，会由一批高年级学生带着中一新生，举办一场类似的慈善捐款活动。这也成了我们学校对外招生的一特点。

经过了这场活动，我自己的收获特别大。我懂得了很多一辈子都受用的道理：

1. 一个人走得快，一群人走得远

就算一个人再厉害，也没办法做所有的事情。每个人都有不同的长处，如果大家向着同一个目标努力，一起合作，就能完成一个特别大的任务。到现在，过了这么多年，我依然觉得，当年的我，一个中一学生能够完成这么大一件事，很不可思议。这就是联合协作的力量。

2. 分解目标，困难就会迎刃而解

很多时候，大项目、大目标本身，就能把我们击退。因为，我们觉得它们太难、太复杂，根本不可能完成，所以，我们就不去做，最后，自然也就完不成。

当年，我们几个毛孩子初生牛犊不怕虎，根本没想到这个活动有那么复杂，贸然打了个赌，就急吼吼去做了。如果换了是现在的我，也许，在一开始提议时，我就会选择放弃。

不过，当我们把复杂的大项目、大目标，分解成多个可以迅速解决的小项目、小目标时，困难就会迎刃而解了。就像 5000 米的长跑，分成多个短跑，感觉就没有那么难了。

3. 越大的活动，准备得要越细

当年，我们画了一张 A3 纸那么大的“全流程地图”，把每个环节都画了下来，还列出了每个人的 5W2H 工作清单。每个模块都定人定岗定责，在工作清单上写得清清楚楚。我们还定时开会，根据最新的进展，不断地调整清单。

这个方法，后来被我用在很多事情上，屡试不爽。磨刀不误砍柴工，想得越细，行动的时候，就能更快、更少出错。当然，过程中总会出各种状况。现在回想起来，那次年宵活动之所以进展得那么顺利，应该是大人们都帮我们及时补救好了。

在中学的六年，每年春节和中秋节前后，我们几个都会去探访阿婆和老爷爷。我来美国上学之后，就剩家豪和琪琪继续去看望他们。

前些天，琪琪写邮件告诉我，老爷爷得了一场急病，走了。那一晚，我做了个梦。梦见我又回到了那栋公寓楼。我看见，中学时候的我和其他几人，在楼道里跑来跑去。我们每个人身上都笼罩着一层淡淡的光，给幽暗的走廊增添了些许光亮。

那个冬天，我还第一次认识到了事物的复杂。

我原以为，很多事情，是黑是白，是对是错，是原因还是结果，就像我做的数学题一样，答案很简单，也很明显。现在我知道，这些不但不明显、不直接，还经常交叉在一起，难分彼此。

我原以为，有放之四海而皆准的方法。现在我知道，一种方法，有的时候有效果，在另外一种情况下可能没有效果。

我原以为，遇到问题，都是外面的人或事出了错，把错误的“他们”换掉，问题就能解决了。现在我知道，很多时候，问题出在自己。改变自己看问题的角度，常常就能找到解决问题的方法。

我原以为，我清清楚楚明明白白知道自己在做什么，为什么做。现在我知道，大多数时候，我们都被感性的直觉所左右。大脑喜欢走捷径。每一条捷径，就像一把双刃剑，一方面快速有效地帮助我们在复杂的信息中做出判断，另一方面，又常常让我们犯了自己都难以察觉的错误。

我原以为，解决问题就像做数学难题，一步步因果关系推演就可以了。现在我知道，对事情多一分了解，决策才能多一份把握。

我把那年冬天学到的决策方法，整理成一个**“决策工具箱”**随身带着，遇到困惑时，就拿出来比对比对，总能有一些收获。现在，我也把这个工具箱分享给你，希望也一样能够帮助你。

经过这么多年的学习和思考，现在的我，算不算已经了解人生呢？不！它太难！我还一直在探索人生的路上，你呢？